图 3-1　彩虹色

图 3-2　从左到右饱和度依次降低

图 3-3　从左到右明度依次降低

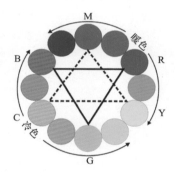

图 3-4　色环

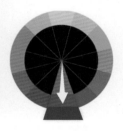

图 3-5　单色搭配

图 3-6 近似色搭配

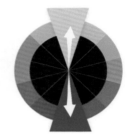

图 3-7 对比色搭配

图 3-8 分裂补色搭配

图 3-9 冷暖色互补平衡

图 3-10　都采用暖色

图 3-11　暖色与冷色互补平衡

图 3-12　黑白灰平衡

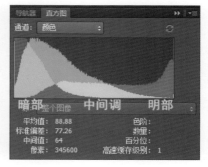

图 3-13　图片及其直方图

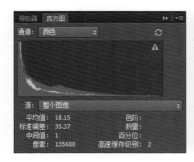 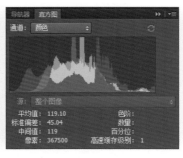 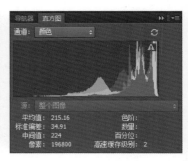

图 3-14　暗部色彩集中　　　　　图 3-15　中间调色彩集中　　　　　图 3-16　明部色彩集中

图 3-18　案例效果　　　　　　　　　图 3-19　案例素材

图 3-21　案例效果　　　　　　　　　图 3-22　案例素材

图 3-26　案例效果　　　　　　　　　图 3-27　案例素材

图 3-29　案例效果

图 3-30　案例素材

图 3-32　案例效果

图 3-33　案例素材

图 3-35　案例效果

图 3-36　案例素材

图 3-38　案例效果

图 3-39　案例素材

图 3-41　案例效果

图 3-42　案例素材

图 3-44　案例效果

图 3-45　案例素材

图 3-47　案例效果

图 3-48　案例素材

图 3-49　案例效果

图 3-50　案例素材

图 3-52　案例效果

图 3-53　案例素材

图 3-57　案例效果

图 3-58　案例素材

图 3-59　案例效果

图 3-60　案例素材

图 3-61　案例效果

图 3-62　案例素材

图 3-65 案例效果

图 3-66 案例素材

图 3-68 案例效果

图 3-69 案例素材

图 3-70 中国中车标志

图 3-71 主色调

图 3-73 案例效果

图 3-74 案例素材

高等职业教育系列教材

Photoshop 网页美工设计

主　编　刘心美

参　编　于艳华　李冬影　李莹莹

机械工业出版社

本书是一本将网页技术和美工设计相融合的教材，从网页美工最基本的图片收集和处理工作入手，以 Photoshop 软件作为设计工具，以案例的形式讲解了网页图片设计、网页色彩设计、网页文字设计、网页图标设计、网页标志设计、网页导航设计、网页栏目设计和网页版式设计，最后通过综合案例讲解了网页整体设计流程和制作过程。

　　本书适合作为高职高专院校网页设计相关课程的教材，也可作为想成为 UI 设计师、平面设计师、网页设计师的读者的入门参考书。

　　本书配有授课电子课件和素材文件，需要的教师可登录 www.cmpedu.com 免费注册、审核通过后下载，或联系编辑索取（QQ：1239258369，电话：010-88379739）。

图书在版编目（CIP）数据

Photoshop 网页美工设计 / 刘心美主编. —北京：机械工业出版社，2019.11
（2023.3 重印）
高等职业教育系列教材
ISBN 978-7-111-64216-9

Ⅰ．①P…　Ⅱ．①刘…　Ⅲ．①图像处理软件-高等职业教育-教材
Ⅳ．①TP391.413

中国版本图书馆 CIP 数据核字（2019）第 268663 号

机械工业出版社（北京市百万庄大街 22 号　邮政编码 100037）
策划编辑：王海霞　　责任编辑：王海霞
责任校对：张艳霞　　责任印制：刘　媛
涿州市京南印刷厂印刷
2023 年 3 月第 1 版第 6 次印刷
184mm×260mm・14 印张・4 插页・345 千字
标准书号：ISBN 978-7-111-64216-9
定价：49.90 元

电话服务　　　　　　　　　　　网络服务
客服电话：010-88361066　　　　机　工　官　网：www.cmpbook.com
　　　　　010-88379833　　　　机　工　官　博：weibo.com/cmp1952
　　　　　010-68326294　　　　金　书　网：www.golden-book.com
封底无防伪标均为盗版　　　机工教育服务网：www.cmpedu.com

前　言

随着科技的进步、互联网的快速普及，网络经济得到全面发展。目前许多企业都会建立自己的网站，主要作用有两点：一是利用网站宣传和推广企业品牌形象与产品；二是增加在线购物功能，直接给企业增加经济效益。这也推动了企业网站由宣传型网站向电子商务型网站的转变，既能为企业创造一定的利润，也能为用户提供更及时、便捷的服务。而在网站建设过程中，网页美工是其中不可或缺的岗位。

本书是一本融网页设计与制作为一体的网页美工专业教材。本书采用目前行业应用最广泛的 Photoshop 作为设计软件，围绕网页的局部编辑与美化，系统地对文本、图片等网页元素的素材收集、选择、编辑、修复、美化、配色等进行讲解，循序渐进地引导读者实现网页的整体页面设计与制作，并通过丰富的案例详细讲解网页美工所需掌握的技能与技巧。

本书共 10 章，其中第 1～9 章介绍网页各个元素、主要功能栏目、页面版式的设计与制作。第 10 章为综合实训，展示了一个网站主页设计的整体流程。全书由刘心美任主编，于艳华、李冬影、李莹莹参与编写。

本书由一线教师和企业网站开发人员共同完成，本书适合作为高职高专院校网页设计相关课程的教材，也可作为想成为 UI 设计师、平面设计师、网页设计师的读者的入门参考书。由于编者水平有限，书中不足之处在所难免，恳请广大读者提出宝贵意见。

编　者

目　　录

第1章 网页美工与用户界面设计概述

网页美工是指有一定美术基础，熟练掌握 Photoshop、Flash、Illustrator 等网站制作相关软件的人员。他们应具备良好的创意能力和较佳的审美能力。

用户界面从字面上看由"用户"与"界面"两个部分组成，但实际上还包括用户与界面之间的交互关系。用户界面设计是指对软件的人机交互、操作逻辑以及界面的整体设计。

【本章要点】

◀) 了解 Web 前端开发技术。

◀) 掌握用户界面设计原则。

◀) 了解常见网页视觉元素。

1.1 Web 前端开发技术概述

前端开发是创建 Web 页面或 App 等呈现给用户的前端界面的过程。Web 前端开发通过 HTML、CSS、JavaScript 以及衍生出来的各种技术、框架、解决方案，来实现互联网产品的用户界面交互。它从网页制作演变而来。在互联网的演化进程中，网页制作是 Web 1.0 时代的产物，早期网站的主要内容大都是静态的，以图片和文字为主，用户使用网站也以浏览为主。随着互联网技术的发展和 HTML5、CSS3 的应用，现代网页更加美观，交互性更强，功能更加强大。

1.1.1 万维网与 W3C

万维网（World Wide Web，WWW）是无数个网络站点和网页的集合。它们一起构成了因特网最主要的部分。它实际上是多媒体的集合，是由超链接连接而成的。人们通过网络浏览器上网观看的就是万维网的内容。万维网是一个资料空间。在这个空间中，一种有用的事物称为一个资源，并且由一个全域统一资源标识符（Uniform Resource Locator，URL）标识。这些资源通过超文本传输协议（HyperText Transfer Protocol，HTTP）传送给用户，而后者通过点击超链接来获得资源。从另一个角度来看，万维网是一个通过网络访问的互连超文件（interlinked hypertext document）系统。

万维网联盟（World Wide Web Consortium，W3C）又称 W3C 理事会，1994 年 10 月在美国麻省理工学院（MIT）计算机科学实验室成立。建立者是万维网的发明者蒂姆·伯纳斯·李。万维网常被当成因特网的代名词，实际上，万维网是依靠因特网运行的一项服务。正因为万维网是如此的重要，不应由任何一家单独的组织垄断，因此 W3C 扮演着一个会员组织的角色。

W3C 的会员包括软件开发商、内容提供商、企业用户、通信公司、研究机构、研究实验室、标准化团体以及政府。其中一些知名的会员包括 IBM、Microsoft、America Online、

Apple、Adobe、Macromedia 等。

1.1.2 关于 Web 前端开发技术

1．Web 前端开发的基础技术

Web 前端开发的基础技术包括 HTML、CSS 和 JavaScript，被称为 Web 前端开发的三大核心技术。HTML 的进阶就是 JADE，CSS 的进阶就是 SCSS，JavaScript 的进阶就是 ES6、CoffeeScript 和 TypeScript。

所谓 HTML 就是超文本标记语言，是 HyperText Markup Language 的英文缩写。大多数网页都是由 HTML 编写而成的。其中，超文本是指页面内可以包含图片、超链接、视频、音频、程序等非文本元素；标记是指这些超文本必须由包含属性的开头与结尾标志来标记。浏览器通过解码 HTML 就可以把网页内容显示出来。

CSS（Cascading Style Sheets，层叠样式表）是一种用来表现 HTML 或 XML（可扩展标记语言）等文件样式的计算机语言。CSS 不仅可以静态地修饰网页，还可以配合各种脚本语言动态地对网页各元素进行格式化。

JavaScript 是一种脚本编程语言，其包含类似 Java 的语法。Java Script 最早在 HTML 网页上使用，用来给 HTML 网页增加动态功能。

2．Web 前端开发岗位需要掌握的技能

1）绘制原型图、实现效果图。Web 前端开发人员要熟练掌握一种原型设计工具，能够将构思通过工具绘制成原型图，并将设计出的原型图通过页面代码的方式表现出来。

2）与设计师沟通及项目参与。Web 前端开发人员需要和设计师就原型图进行某些效果实现的探讨。

3）精通 HTML。

4）精通 CSS。

5）熟练掌握 JavaScript、jQuery、ajax。

6）熟练使用 Vue、React、Angular 等框架。

1.1.3 关于网页风格

所谓网页风格是指网页设计上的视觉元素组合在一起的整体形象带给人的直观感受。视觉元素包括网页的配色、字体、页面布局、页面内容等元素。网页风格一般与企业的整体形象相一致，如企业的行业性质、企业文化、提供的相关产品或服务特点都应该在网页风格中得到体现。良好的网页风格不仅能帮助客户认识和了解网页背后的企业，也能帮助企业树立品牌形象。

1.2 了解用户界面设计

用户界面（User Interface，UI）设计是指对软件的人机交互、操作逻辑、界面美观的整体设计。UI 设计分为实体 UI 和虚拟 UI，因特网中所说的 UI 设计是虚拟 UI。

好的 UI 设计不仅让软件变得有个性、有品位，还能让软件的操作变得舒适、简单。

1.2.1 网页用户界面设计原则

UI 设计是针对用户的设计，一切活动的目的都是为了完成与用户的沟通。因此 UI 设计

就必须遵循一些原则，从而实现目标。下面是网页 UI 设计常用的一些原则。

1．用户导向原则

设计网页前首先要明确到底谁是用户，要站在用户的角度和立场上来考虑。要做到这一点，就必须要和用户沟通，了解他们的需求、目标、期望和偏好等。

2．KISS 原则

KISS 是 Keep It Sample and Stupid 的英文缩写，中文意思就是简洁易操作，毕竟网页设计出来是便于用户查阅信息和使用网络服务的，没有必要设置过多的操作，堆积很多复杂和花哨的图片。该原则一般要求，网页的下载时间不要超过 10s；尽量使用文本链接，减少大尺寸图片和动画的使用；操作设计尽量简单，并且有明确的操作提示；网站所有内容和服务都在显眼处向用户予以说明等。

3．布局控制

如果网页的布局凌乱，仅仅把大量的信息堆砌在页面上，会使浏览者的阅读体验很差。

一般网页上面的栏目设置在 5～9 个最佳，如果所提供的内容过于密集，就会使人感到烦躁、压抑。

对于信息的分类，不能超过 9 个栏目。如果内容实在是多，超出了 9 个，需要进行分组处理。如果网页上提供几十篇文章的链接，需要每隔 7 篇加一个空行或平行线以分组。如果你的网站内容栏目超出 9 个，如微软公司的网站，共有 11 个栏目，超过了 9 个。

4．视觉平衡

根据视觉原理，图形与文字相比较，图形的视觉作用要大一些。所以，为了达到视觉平衡，在设计网页时需要以更多的文字来平衡一幅图片。另外，按照国人的阅读习惯是从左到右，从上到下，因此视觉平衡也要遵循这个道理。

5．色彩搭配

颜色是影响网页美观的重要因素。不同的颜色对人的感觉有不同的影响，例如：红色和橙色使人兴奋；黄色使人联想到阳光，是一种快活的颜色；黑色显得沉稳、庄重，考虑到你希望对浏览者产生什么影响，为网页设计选择合适的颜色（包括背景色、元素颜色、文字颜色、链节颜色等）。

6．和谐与一致性

通过对网站的各种元素（颜色、字体、图形、空白等）使用一定的规格，使得设计良好的网页看起来应该是和谐的。或者说，网站的众多单独网页应该看起来像一个整体。网站设计上要保持一致性，这又是很重要的一点。

1.2.2　网页用户界面设计尺寸

1）在显示器分辨率为 800×600 像素的条件下，网页宽度保持在 778 像素以内，就不会出现水平滚动条，高度则视版面和内容决定。

2）在显示器分辨率为 1024×768 像素的条件下，网页宽度保持在 1002 像素以内，如果满框显示的话，高度为 612～615 像素，此时就不会出现水平滚动条和垂直滚动条。

3）页面长度原则上不超过 3 屏，宽度不超过 1 屏。

4）全尺寸横幅广告（banner）为 468×60 像素，半尺寸横幅广告为 234×60 像素，小横幅广告为 88×31 像素。

5）小图标的标准尺寸为 120×90 像素或 120×60 像素。

6）每个非首页静态页面所含图片文件大小不超过 60KB，全尺寸横幅广告文件大小不超过 14KB。

1.3 网页视觉元素简述

网页视觉元素主要包括文字、图像、动画与视频等。

1.3.1 文字

文字作为信息传达的主要手段，是网页中必不可少的元素，也是网页中主要的信息描述要素，文字表现得好与坏将影响整个网页的质量。网页文字的编排与设计必须考虑文字的整体效果，要给人以清晰的视觉印象，避免繁杂零乱；减去不必要的装饰变化，使人易认、易懂、易读。

网页文字的编排要服从信息内容的特点，其风格要与内容特性相吻合。例如，政府网页的文字编排应具有庄重和规范的风格；休闲旅游类网页的文字编排应具有欢快、轻盈的风格；文化教育类网页的文字编排应具有端庄典雅的风格等。

1.3.2 图片

图片是网页中最常见的视觉元素。它可以美化网页，比单纯的文字更吸引人。

网页中所使用的图片有两个特点。一是图片质量不需要很高。因为网页图片一般只显示于计算机屏幕上，受显示器分辨率的限制，即使图片的分辨率很高，人的肉眼也无法把它和一幅经过压缩处理的图片区分开来。一般来说，图片的分辨率设置为 72dpi 是大多数网页的最佳选择。二是图片尺寸要尽量小。网页中的图片是在网络上传输，受到带宽的限制，其文件尺寸在一定范围内越小越好。文件尺寸越小，下载的时间就会越短。

在网页图片的选择和优化上，要与网页的整体风格相一致，要注意与文字的搭配。

1.3.3 动画与视频

在网页中插入动画与视频可以丰富网页的内容，还可以使网页更加生动和吸引人。常用的视频文件格式有 RM、AVI、WMV、MPEG、FLV 等，常用的动画文件格式有 SWF（Flash 动画）和 GIF 等。

1.4 本章小结

本章主要介绍了 Web 前端开发技术、用户界面设计原则及常见网页视觉元素。通过对本章的学习，能够掌握最前沿的前端技术，设计 UI 界面应该遵守的规则，网页包括的要素文字、图像、音频、视频等相关知识。

第 2 章　网页图片设计

网页中的图片，按存储格式可分为矢量图和位图；按表现角度可分为前景图片和背景图片。图片可放置于网站标志、导航、主页面、地址栏等位置。图片具有视觉吸引、信息引导等作用，合理的图片处理是设计的关键。

抠图是网页设计师必备的基础技能之一，将抠取的图片重新组合能让页面产生颠覆传统的视觉效果。

修图是图片处理的常见操作，修图可以处理图片中的瑕疵，以美化图片，提高网页的视觉效果。

【本章要点】

- 了解网页图片的作用和类型。
- 掌握各种形状对象的抠取技术。
- 掌握常用的修图工具。

2.1 网页图片简介

在网页中主要包括文字、图片、动画、视频等视觉元素。本章内容主要是围绕图片视觉元素的设计进行讲解，因此先来了解图片在网页版面设计中的相关术语。

1．版面率、图版率

版面率也称空白量。在一个版面里上、下、左、右都有一定的空白，称为留白。留白内侧文字与图片所占空间的面积与版面总面积的比率称为版面率。

图版率指版面中除文字外，图片面积与整个版面的比率。由于图片比文字具有更高的视觉传达性，人们在阅读时，首选图版率高的页面，可见图版率在页面排版中占有很重要的地位。如图 2-1～图 2-3 所示，图版率不同给人以不同的视觉感受。

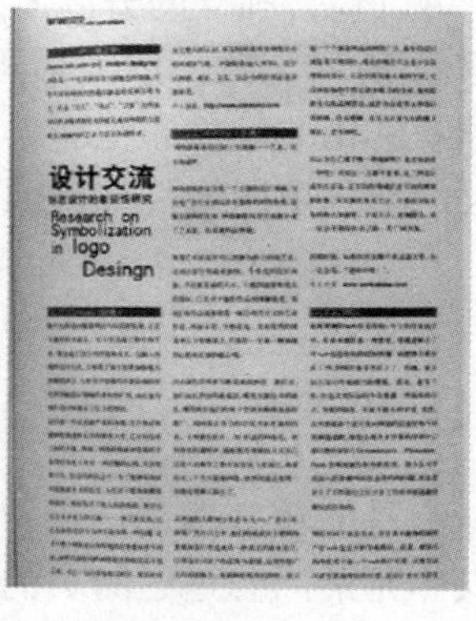
设计交流
Research on Symbolization in logo Designn

图 2-1　图版率 0%，阅读性弱，版面枯燥

图 2-2　图版率 50%，阅读性较强，版面充满生气　图 2-3　图版率 100%，具有强烈的视觉冲击力

从上面 3 张图可以看出，不同图版率的页面拥有不同的页面风格。图版率高的页面较活跃，图版率低的页面较沉稳。如果页面中只有图或只有文字，会降低页面的可读性，削弱页面的视觉效果。因此良好的页面一般都具有图文并茂、区域分明、主题突出等特征。

2. 位图、矢量图

网页中的图片有位图和矢量图两种类型。位图也称点阵图，是由像素点组成的。当放大位图时，可见其由无数个小方格构成。位图常采用 RGB 颜色编码方式，通过分辨率来界定质量，可用 Photoshop 等软件来制作。常见的位图格式有 GIF、JPEG、PNG 等。

1）GIF 文件的后缀名为".gif"。采用的是一种基于 LZW 算法的连续色调的无损压缩格式，压缩率一般在 50%左右。在一个 GIF 文件中可以保存多幅彩色图片，可构成一个简单的动画。

2）PNG 文件的后缀名为".png"。采用从 LZ77 派生的无损数据压缩算法，设计目的是试图替代 GIF 和 TIFF 格式，同时增加一些 GIF 格式所不具备的特性。使用 PNG 格式存储灰度图片时，图片深度可多达 16 位；存储彩色图片时，图片深度可多达 48 位；还可以存储多达 16 位的α通道数据。一般应用于 Java 程序、网页中，原因是其压缩率高，生成的文件体积小。

3）JPEG 文件的后缀名为".jpg"或".jpeg"。这是与平台无关的格式，具有调节图片质量的功能，允许按不同的压缩比例对文件进行压缩，压缩比例通常在 10：1 到 40：1 之间。不过，这种压缩是有损耗的。JPEG 格式压缩的主要是高频信息，对色彩信息保留较好，可以支持 24 位真彩色 JPEG 格式适合应用于网络，可减少图片的传输时间。

4）矢量图是根据几何特性来绘制图形。矢量可以是一个点或一条线，矢量图只能靠软件生成，文件占用内存空间较小，可以包含独立的分离图片，可以自由无限制地重新组合。

综上所述，矢量图的特点是和分辨率无关，放大后不失真，适用于图形/图标设计、标志设计等。位图的特点是和分辨率紧密相关，色彩艳丽、形式多样；在缩放情况下会失真，表现为图片边缘有锯齿；文件较大，不利于网络传输，因此作为网页图片时一般保持分辨率为 72 像素。

2.2　网页图片选择

在浏览网页中，用户对访问速度是比较敏感的，用户等待网页打开时间最长约为 10s，如果放置太多的动画、视频等多媒体元素，会延迟网页的加载速度。而全图片或全文字的网页也不利于浏览体验。因此设置恰当的图片可以增加页面美感，不仅能让浏览者身心愉悦，同时能准确传达页面的信息，可以说图文并茂是网页设计的关键。

2.2.1 图片素材的收集

1．从主题出发选图片

网站主题对于搜索引擎优化是非常重要的。搜索引擎蜘蛛爬取网站页面时，会通过关键词来判断网站的主题，主题清晰的网站有利于缩短检索时间，增加搜索引擎对网站的信任度。

目前的网络中，网站的主题非常广泛，以百度的网站主题分类为例，常见的网站主题有音乐影视、娱乐休闲、游戏、网络服务与应用、博客、网址导航、数码及手机、教学及考试、医疗保健、女性时尚、房产家居、旅游、小说等。每个主题都有各自的特征，如医疗类网站多以红十字为标志，白色为主色调；娱乐休闲类网站风格时尚；网络服务类网站风格严谨。

2．从品质出发选图片

一张适宜并质量高的图片对页面来说无疑是加分的。图片质量一般分为高清、模糊、低像素等，如图 2-4 所示。

图 2-4　图片清晰度表现

左图：像素和分辨率高，能看清图片的细节内容，适合做各种图片效果设计，为首选素材。

中图：呈现效果模糊，可作为衬托、背景图片，为慎选素材。

右图：像素和分辨率低，应用时要保持原始尺寸或缩小尺寸，为不建议选择的素材。

3．从视觉引导选图片

有表现力和内涵的图片有助于激发设计灵感。这种图片一般都具有一定的引导作用，如动态走势引导、色彩引导等。

（1）走势对视觉的引导作用

设计师要具有把握图片动态走势的能力，如图 2-5 所示。

图 2-5　走势对视觉的引导

左图：在主体物视线的前方，有大量空白，形成向前的动态走势，图片具有想象空间。

中图：在主体物视线的前方，无空白，动态走势引导方向不明确，图片内涵表达不清楚。

右图：主体物被切割，无引导方向，图片没有内涵，杜绝采用。

（2）色彩对视觉的引导作用

颜色同样对视觉有显著的引导作用。通过调整颜色来改变版面的外观，如纯度高的颜色使页面更亮眼，颜色的差异化能突出页面不同区域的内容，如图2-6所示。

图2-6　色彩对视觉的引导

左图：彩色图构图饱满、色彩丰富，可用的处理手法多，风格多样化，较为常用。

中图：具有某种单一颜色倾向的彩色图片，体现一定的氛围、格调，如棕色有旧时代的氛围。

右图：黑白图的格调凝重而纯粹，要注意黑白过渡色（灰色）的变化层次。

（3）时代对视觉的引导作用

图片的选择要符合内容所描述的时代特征，要充分挖掘时代的特色，图2-7所示为唐朝、清朝及现代服饰。

图2-7　时代对视觉的引导

左图：唐朝女子服饰的特点是浪漫多姿，给人一种俏丽优雅的感觉。

中图：清朝女子服饰的特点是色彩绚丽醒目，款式别致，体现东方女性的含蓄优雅。

右图：现代服饰设计风格更多样化。

4．从设计细节出发选图片

图片的选择除考虑上述因素外，还要注重图片的相互搭配。下面以网上商城商品展示栏为例。首先给出不合理的图片搭配，如图2-8所示。

图2-8　不合理的图片搭配

分析搭配别扭的原因如下。

错误一：第 2 张图明显与其他 3 张图不属于一个商品类型，导致图片主题不一致。

错误二：第 2 张图、第 4 张图与其他两张图的背景颜色不一样，导致图片颜色不一致。

错误三：第 4 张图比其他 3 张图大，导致图片大小不一致。

错误四：以绿色线为基准，第 1 张图与其他 3 张图位置发生偏移，导致图片视角不一致。

正确搭配图片，要注重图片之间尺寸、角度、色彩、风格等方面的协调性。下面给出合理的图片搭配，如图 2-9 所示。

图 2-9　合理的图片搭配

2.2.2　图片的处理

在根据网页主题收集图片后，可利用抠图等方法进行处理，截取精华、去除糟粕、修复瑕疵、增添特效。以图 2-10 为例，常用的图片处理手段如图 2-11 到图 2-15 所示。

图 2-10　素材源文件

图 2-11　增加

图 2-12　换位

图 2-13　抠底

图 2-14　复制

图 2-15　镜像

9

2.2.3　图片的调整

图片摆放的位置、大小等，会对读者的阅读造成一定的影响。

1．图片的位置变化

图片的位置直接关系到版面的布局。

（1）单张图片的摆放

当版面中只有一张图片时，其位置决定着版面效果。

1）居中摆放。这种摆放适用于追求平衡性和规范性的画面，体现稳重感。摆放时要注意左右、上下的距离要对称，如图 2-16 和图 2-17 所示。

图 2-16　单张图片居中摆放 1

图 2-17　单张图片居中摆放 2

2）边角摆放。图片摆放在某个边角位置，能使版式更加生动，如图 2-18 所示。

3）占据半个版面。图片占版面的一半，分为左右、上下两种分割方式，如图 2-19 所示。

（2）多张图片的摆放

当版面中有多张图片时，要根据版面布局来摆放图片。

1）中心摆放。这种摆放方式使图片排列整齐，富于条理，如图 2-20 所示。

图 2-18　单张图片边角摆放

图 2-19　单张图片占半个版面

图 2-20　多张图片中心摆放

2）边角摆放。要展示主体形象，就要弱化其他部分。借助九宫格或三等分线将多张图片错落摆放，把主要的图片放在三等分线的交界处，使版面更具延展性，如图 2-21 所示。

图 2-21　多张图片边角摆放

3）占据半个版面。这种摆放一般是文字占半版，图片组合占另一半版，整个版面清晰有条理，如图 2-22 所示。

图 2-22　多张图片占半个版面

2. 图片的尺寸变化

（1）放大和缩小

视觉效果良好的页面表现在其主体形象突出。如何将主体形象与其他部分区分开，是设计师的工作要点。

在页面中将需要突出的部分进行放大是一个不错的方法，次要的部分可缩小，再按主次排列图片。例如，一张主图配几张小图，通过大图和小图的相互搭配，提升版面的视觉冲击力。这种手法在电子商务网站中很常见，如图 2-23 所示。

（2）推近和拉远

如果图片尺寸不发生变化，通过两张有推近和拉远效果的图片的对比，可以给人带来图片尺寸大小有别的视觉效果，如图 2-24 所示。

图 2-23　尺寸放大与缩小的对比

图 2-24　图片推近与拉远的对比

3．图片与文字的组合

（1）标题性文字与图片的组合

当图片中有标题性文字时，要先判断标题文字与图片的主从关系。要突出标题文字时，可将标题文字放在版面的重要位置，放大字号，甚至可以遮挡图片，如图 2-25 所示；要突出图片时，可将标题文字放在图片的留白处，且标题文字的颜色要与图片相反，如图 2-26 所示。

图 2-25　突出标题　　　　　　　　　图 2-26　突出图片

（2）说明性文字与图片的组合

图片与说明性文字搭配时，要注意图片与相关的说明文字距离近一些，与无关的说明文字距离远一些，如图 2-27 所示。

图 2-27　说明性文字与图片的搭配

2.3　网页图片抠图

抠图是选择图片的一种应用技巧，对于设计者来说，抠图技术是一种必备技能，设计的本身就是抠取不同的图片进行创新、重新组合的过程。Photoshop 作为目前最常用的位图处理软件，在抠取图片方面提供了多种工具和方法。本章将对抠图基础知识、抠图工具及应用操作进行详细讲解。

2.3.1　简单形状抠图

Photoshop 提供了一些常规几何形状选框工具，利用这些工具可以快速地选择图片中外形相对规则的对象。选框工具包括矩形选框工具、椭圆选框工具、单行选框工具、单列选框工具。

1．矩形选框工具

矩形选框工具用于创建矩形选区，适用于选择长方形或正方形的形状，如网页中常见的矩形按钮、矩形区域、矩形图片等。单击工具箱中的"矩形选框工具"按钮，会显示如图 2-28

所示的矩形选框工具选项栏。下面对各选项进行说明。

图 2-28　矩形选框工具选项栏

1）选区工作模式主要有以下几种。

● 新选区▣：在图片中创建新的选区，如果之前存在选区，则该选区会被取代。

● 添加到选区▣：在图片中创建多个选区，此模式下光标显示为"十+"形状。

● 从选区中减少▣：从已存在的选区中减去新绘制的选区。此模式下光标显示为"十–"形状。

● 与选区交叉▣：保留已存在选区与新绘制选区相交的部分。此模式下光标显示为"十×"形状。

2）羽化。羽化是建立选区和选区周围像素之间的过渡模糊边缘。可在文本框中输入数值来控制羽化范围。

3）样式。样式用于设置选区的形状。"正常"选项为系统默认设置，通过鼠标拖动形成矩形选区；"固定比例"选项能自动设置选区的宽度和高度的比例；"固定大小"选项用输入值来固定选区的尺寸。

4）调整边缘。单击"调整边缘"按钮，弹出"调整边缘"对话框，利用半径、双比度、平滑等选项对选区进行调控。

📑 案例1　用矩形选框工具实现镜框抠图

【案例效果】第 2 章\A201.jpg，如图 2-29 所示。

【素材文件】第 2 章\201.jpg，如图 2-30 所示。

图 2-29　案例效果　　　　　　　　　图 2-30　案例素材

【主要知识点】

🖹 用矩形选框工具建立矩形选区。

🖹 对选区进行剪切、复制、粘贴等操作。

【操作过程】

1）启动 Photoshop 软件，打开素材 201.jpg。

2）单击工具箱中的"矩形选框工具"按钮▣，按住鼠标左键不放，从图片的左上角拖动至右下角，出现矩形的选区，如图 2-31 所示。

3）执行"编辑"→"剪切"菜单命令或"编辑"→"拷贝"菜单命令，或者按

〈Ctrl+X〉或〈Ctrl+C〉组合键。然后执行"编辑"→"粘贴"菜单命令（或按〈Ctrl+V〉组合键）。最终效果如图 2-32 所示。

图 2-31　矩形选区　　　　　　　　　　　　　　　图 2-32　最终效果

4）执行"文件"→"存储为"菜单命令，弹出"存储为"对话框，将文件保存为A201.jpg。

2．椭圆选框工具

椭圆选框工具用于创建圆形和椭圆形选区，适用于选择圆形或椭圆形的形状，如网页中常见的圆形按钮、圆形栏目区域、圆形图片等。单击工具箱中的"椭圆选框工具"按钮，会显示如图 2-33 所示的椭圆选框工具选项栏。

图 2-33　椭圆选框工具选项栏

椭圆选框工具与矩形选框工具的选项设置方法相同，只需单击工具箱中的"椭圆选框工具"按钮，然后在图片中拖动即可创建选区。

案例 2　用椭圆选框工具实现花朵抠图

【案例效果】第 2 章\A202.jpg，如图 2-34 所示。

【素材文件】第 2 章\202.jpg，如图 2-35 所示。

图 2-34　案例效果　　　　　　　　　　　　　　　图 2-35　案例素材

【主要知识点】

📝 用椭圆选框工具建椭圆形选区。

📝 对选区进行编辑、变换等操作。

📝 利用羽化效果来加强抠图效果。

【操作过程】

1）启动 Photoshop 软件，打开素材 202.jpg。

2）执行"视图"→"标尺"菜单命令，拖动水平和垂直标尺线到花蕊的中心位置。单击工具箱中的"椭圆选框工具"按钮，在选项栏中设置"羽化"为 5 像素。将光标定位在标尺线的相交位置，按住〈Shift+Alt〉组合键的同时拖动鼠标，出现如图 2-36 所示的圆形选区。

3）执行"选择"→"变换选区"菜单命令出现变换点，如图 2-37 所示。调整选区的大小和形状，圈出完整的图片效果，如图 2-38 所示。

图 2-36　创建圆形选区

图 2-37　变换选区

4）执行"编辑"→"剪切"菜单命令或"编辑"→"拷贝"菜单命令。然后执行"编辑"→"粘贴"菜单命令。最终效果如图 2-39 所示。

图 2-38　变换为椭圆形选区

图 2-39　最终效果

5）执行"文件"→"存储为"菜单命令，弹出"存储为"对话框，将文件保存为 A202.jpg。

　　⌂ 技巧分享

在使用矩形选框或椭圆选框工具时，按住〈Shift〉键可以创建正方形或正圆形选区，按住〈Alt〉键将以单击点为中心向外创建矩形或圆形选区，按住〈Shift+Alt〉组合键将以单击点为中心向外创建正方形或正圆形选区。

3．单行/单列选框工具

单行/单列选框工具用于创建高度/宽度为 1 像素的矩形选区，适用于网页中 1 像素高/宽的横线/竖线的绘制。单击工具箱中的"单行/单列选框工具"按钮，会分别显示如图 2-40 所示的单行选框工具选项栏和如图 2-41 所示的单列选框工具选项栏。

图 2-40　单行选框工具选项栏

图 2-41　单列选框工具选项栏

选择单行/单列选框工具后，在工作区中单击即可创建 1 像素选区，拖动鼠标可移动选区。

案例 3　用单行/单列选框工具实现 1 像素线条添加

【案例效果】第 2 章\A203.jpg，如图 2-42 所示。

【素材文件】第 2 章\203.jpg，如图 2-43 所示。

图 2-42　案例效果　　　　　　　　　图 2-43　案例素材

【主要知识点】

用单行/单列选框工具建立 1 像素选区。

对选区进行编辑、变换选区等操作。

【操作过程】

1）启动 Photoshop 软件，打开素材 203.jpg。

2）分别单击工具箱中的"单行选框工具"按钮和"单列选框工具"按钮，在选项栏中都设置选区工作模式为"添加到选区"。分别在图片左下端和右上端单击，绘制出 6 条横竖相交叉的线。效果如图 2-44 所示。

3）单击工具箱中的"矩形选框工具"按钮，在选项栏中设置选区工作模式为"从选区减去"，利用矩形选区减去部分 1 像素线选区。效果如图 2-45 所示。

图 2-44　创建单行/单列选区　　　　　　图 2-45　删减选区

4）打开"图层"面板，新建图层。执行"编辑"→"描边"菜单命令，弹出"描边"

对话框，设置"宽度"为"1 像素"，"颜色"为#dbc172，其他保持默认设置，如图 2-46 所示。

5）调整后单击"确定"按钮，最终效果如图 2-47 所示。

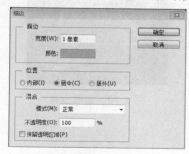 

图 2-46　"描边"对话框　　　　　　　　图 2-47　最终效果

6）执行"文件"→"存储为"菜单命令，弹出"存储为"对话框，将文件保存为 A203.jpg。

2.3.2　单一背景色图片抠图

抠图方法可分为两种，一种是以形状工具为主实现抠图，如选框工具、套索类工具、钢笔工具等；另一种是以颜色识别为主实现抠图，如使用魔棒工具、快速选择工具、通道等。适用于第二种抠图方法的图片的特点是前景与背景有较明显的颜色差别，便于对颜色的识别。本节将从背景为单一色和复杂色两种情况进行探讨。所谓单一背景色是指背景色为一种纯色，且前景与背景有明显的颜色差别，这种情况主要使用魔棒工具、快速选择工具等。

1．魔棒工具

魔棒工具可以基于色调和颜色差异创建选区。通过单击可选取与该单击点颜色相同或相近的像素区域，适合于前景与背景颜色差异较明显的情况。单击工具箱中的"魔棒工具"按钮，会显示如图 2-48 所示的魔棒工具选项栏。下面对各选项进行说明。

图 2-48　魔棒工具选项栏

1）取样大小。该项用于设置取样范围的大小。"取样点"可取样单击点的颜色像素值；"3×3 平均"可取样单击点 3 个像素范围内的平均颜色值。

2）容差。该项用于设置选择范围的大小。

3）连续。勾选该复选框，可选择颜色相近的连续区域；反之可选择所有与单击点颜色相近的区域。

4）对所有图层取样。勾选该复选框，可选择所有图层上颜色相近的区域；反之仅选择当前图层。

选项栏中的选区工作模式、"消除锯齿"复选框与选框工具的功能相同，不再赘述。

📃 案例 1　用魔棒工具实现兔子抠图

【案例效果】第 2 章\A204.jpg，如图 2-49 所示。

【素材文件】第 2 章\204.jpg，如图 2-50 所示。

图 2-49　案例效果　　　　　　　　　　图 2-50　案例素材

【主要知识点】

📝 用魔棒工具建立选区。

📝 对选区进行收缩、剪切/复制、粘贴等操作。

【操作过程】

1）启动 Photoshop 软件，打开素材 204.jpg。

2）单击工具箱中的"魔棒工具"按钮 ，在选项栏中设置"容差"为 30，单击"添加到选区"按钮。

3）在图片中的背景处连续单击，直到将整个背景都添加到选区，如图 2-51 所示。按〈Delete〉键删除背景，效果如图 2-52 所示。

图 2-51　魔棒选区　　　　　　　　　　图 2-52　删除背景

4）执行"选择"→"反向"菜单命令，将选区反选为兔子。执行"选择"→"修改"→"收缩"菜单命令，弹出"收缩选区"对话框，设置"收缩量"为 4 像素，单击"确定"按钮，如图 2-53 所示。效果如图 2-54 所示。

5）再次执行选区反选操作，按〈Delete〉键。最终效果如图 2-55 所示。

图 2-53　"收缩选区"对话框　　　　图 2-54　选区收缩后　　　图 2-55　最终效果

6）执行"文件"→"存储为"菜单命令，弹出"存储为"对话框，将文件保存为 A204.jpg。

2．快速选择工具

快速选择工具可以像绘画一样向外扩展，并自动查找和跟随图片中定义的边缘涂抹出选区。单击工具箱中的"快速选择工具"按钮，会显示如图 2-56 所示的快速选择工具选项栏。下面对各选项进行说明。

图 2-56　快速选择工具选项栏

1）选择运算按钮。该项用于设置选区计算方式。"新选区"可创建一个新的选区；"添加到选区"可在原选区基础上添加绘制的选区；"从选区减去"可在原选区基础上减去当前绘制的选区。

2）画笔选取器。该项用于设置画笔的大小、硬度和间距。

3）对所有图层取样。勾选该复选框，可对所有图层创建选区。

4）自动增强。勾选该复选框，可将选区向图片边缘进一步流动并应用一些边缘调整，减少边缘的粗糙度和锯齿。

📑 案例2　用快速选择工具实现荷花抠图

【案例效果】第 2 章\A205.jpg，如图 2-57 所示。

【素材文件】第 2 章\205.jpg，如图 2-58 所示。

图 2-57　案例效果　　　　　　　　　　图 2-58　案例素材

【主要知识点】

📑 用快速选择工具建立选区。

📑 对选区进行编辑与调整等操作。

【操作过程】

1）启动 Photoshop 软件，打开素材 205.jpg。

2）单击工具箱中的"快速选择工具"按钮，在选项栏中单击"添加到选区"按钮，勾选"自动增强"复选框。

3）在荷花与叶子相连的边缘处不断单击，直到将整个花朵添加到选区为止，如图 2-59 所示。

4）在"图层"面板中，对当前图层进行选区剪切，新建图层并进行粘贴，隐藏背景图层。最终效果如图 2-60 所示。

5）执行"文件"→"存储为"菜单命令，弹出"存储为"对话框，将文件保存为 A205.jpg。

3．橡皮擦工具、背景橡皮擦工具、魔术橡皮擦工具

（1）橡皮擦工具

橡皮擦工具可以用背景色擦除背景图片或用透明色擦除图层中的图片。单击工具箱中的

"橡皮擦工具"按钮 ，会显示如图 2-61 所示的橡皮擦工具选项栏。

图 2-59　用快速选择工具建立选区　　　　图 2-60　最终效果

图 2-61　橡皮擦工具选项栏

在普通图层上拖动，可擦除拖动区域的像素；在背景图层或透明区域的图层上拖动，擦除后会显示出背景色。其选项说明如下。

1）模式。该项用于选择擦除的笔触方式。

2）抹到历史记录。勾选该复选框，将以"历史记录"面板中确定的图片状态来擦除图片。

（2）背景橡皮擦工具

背景橡皮擦工具可以擦除指定的背景色。单击工具箱中的"背景橡皮擦工具"按钮 ，会显示如图 2-62 所示的背景橡皮擦工具选项栏。

图 2-62　背景橡皮擦工具选项栏

下面对各选项进行说明。

1）画笔预设。该项用于选择橡皮擦的形状和大小。

2）限制。该项用于选择擦除界限。

3）容差。该项用于设置容差值。

4）保护前景色。勾选该复选框将保护前景色不被擦除。

（3）魔术橡皮擦工具

魔术橡皮擦工具可以自动擦除颜色相近区域中的图片。单击工具箱中的"魔术橡皮擦工具"按钮 ，会显示如图 2-63 所示的魔术橡皮擦工具选项栏。

图 2-63　魔术橡皮擦工具选项栏

其选项与前面所述相同，不再赘述。

案例 3　用魔术橡皮擦工具实现摆瓶抠图

【案例效果】第 2 章\A206.jpg，如图 2-64 所示。

【素材文件】第 2 章\206.jpg，如图 2-65 所示。

图 2-64　案例效果

图 2-65　案例素材

【主要知识点】

📇 用橡皮擦工具、魔术橡皮擦工具抠图。

📇 对选区进行编辑与调整等操作。

【操作过程】

1）启动 Photoshop 软件，打开素材 206.jpg。

2）单击工具箱中的"魔术橡皮擦工具"按钮 ⬛，在选项栏中设置"容差"为 20，在背景处单击即可将背景图片直接清除。如果一次不能够完全清除，可以多次使用魔术橡皮擦工具单击需要清除的部分，如图 2-66 所示。

3）单击工具箱中的"橡皮擦工具"按钮 ⬛，在选项栏中设置画笔大小为 40 像素，将图片中的文字擦除。最终效果如图 2-67 所示。

图 2-66　用魔术橡皮擦工具擦除

图 2-67　最终效果

4）执行"文件"→"存储为"菜单命令，弹出"存储为"对话框，将文件保存为 A206.jpg。

🎬 案例 4　用背景橡皮擦工具实现抠图

【案例效果】第 2 章\A207.jpg，如图 2-68 所示。

【素材文件】第 2 章\207.jpg，如图 2-69 所示。

【主要知识点】

📇 用橡皮擦工具、背景橡皮擦工具抠图。

📇 对选区进行编辑与调整等操作。

【操作过程】

1）启动 Photoshop 软件，打开素材 207.jpg。

2）单击工具箱中的"背景橡皮擦工具"按钮 ⬛，在选项栏中设置"容差"为 20%，在背景处单击即可将背景图片直接清除。如果一次不能够完全清除，可以多次使用"背景橡皮擦工具"单击需要清除的部分。

3）单击工具箱中的"橡皮擦工具"按钮，设置画笔为 40 像素，将图片中的背景擦除，生成效果，如图 2-70 所示。

图 2-68　案例效果

图 2-69　案例素材

图 2-70　最终效果

4）执行"文件"→"存储为"菜单命令，弹出"存储为"对话框，将文件保存为 A207.jpg。

2.3.3　形状复杂图片抠图

前面学习了简单形状的抠图方法，在实际抠图中，往往图片的形状更多样，这就需要用到更复杂的抠图工具，如套索类工具、钢笔工具等。下面就学习利用这些工具来抠取复杂形状的图片。

1．套索工具

使用套索工具可以徒手绘制不规则形状的选区。它适合于边缘柔和的形状抠取。单击工具箱中的"套索工具"按钮，会显示如图 2-71 所示的套索工具选项栏。

图 2-71　套索工具选项栏

使用套索工具在图片中的适当位置按下鼠标左键不放，在图片上进行拖动绘制，松开鼠标后，选择区域会自动封闭生在选区。

📧 **案例 1　用套索工具抠图**

【案例效果】第 2 章\ A208.jpg，如图 2-72 所示。
【素材文件】第 2 章\ 208.jpg，如图 2-73 所示。

图 2-72　案例效果

图 2-73　案例素材

【主要知识点】
📧 用套索工具建立边缘柔和的复杂形状选区。
📧 通过"羽化选区"对话框设置参数。

【操作过程】

1）启动 Photoshop 软件，打开素材 208.jpg。

2）单击工具箱中的"套索工具"按钮，从花的边缘选择起点，按下鼠标左键拖动开始建立选区，如图 2-74 所示。将光标移至起点处松开鼠标，建立封闭选区，如图 2-75 所示。

图 2-74　用套索工具制作选区

图 2-75　生成封闭选区

3）执行"选择"→"修改"→"羽化"菜单命令，弹出"羽化选区"对话框，按如图 2-76 所示进行参数设置。

4）按〈Ctrl+X〉或〈Ctrl+C〉快捷键，然后执行"编辑"→"粘贴"菜单命令（或按 Ctrl+ V 快捷键）。效果如图 2-77 所示。

图 2-76　"羽化选区"对话框

图 2-77　最终效果

5）执行"文件"→"存储为"菜单命令，弹出"存储为"对话框，将文件保存为 A208.jpg。

2．多边形套索工具

使用多边形套索工具可以在图片中连续绘制出不规则选区。它适合于边缘为直线的形状抠取。单击工具箱中的"多边形套索工具"按钮，会显示如图 2-78 所示的多边形套索工具选项栏。

图 2-78　多边形套索工具选项栏

⌂ **技巧分享**

在使用多边形套索工具时，按住〈Shift〉键并拖动，可以以水平、垂直或 45°角度绘制选项；按住〈Alt〉键并拖动，可以像套索工具一样绘制选区。

📑 **案例2　用多边形套索工具抠图**

【案例效果】第 2 章\A209.jpg，如图 2-79 所示。

【素材文件】第 2 章\209.jpg，如图 2-80 所示。

图 2-79　案例效果　　　　　　　　　　　　　图 2-80　案例素材

【主要知识点】

☞ 用多边形套索工具进行复杂形状抠图。

☞ 通过"选择"→"变换选区"菜单命令编辑选区形状。

【操作过程】

1）启动 Photoshop 软件，打开素材 209.jpg。

2）单击工具箱中的"多边形套索工具"按钮 ，将光标移到要抠取形状的边缘位置，连续单击并拖动鼠标，绘制出一个多边形，双击生成选区，如图 2-81 所示。

3）按〈Ctrl+X〉或〈Ctrl+C〉组合键，再按〈Ctrl+V〉组合键。最终效果如图 2-82 所示。

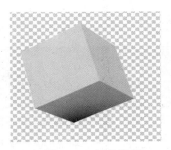

图 2-81　多边形套索选区　　　　　　　　　　图 2-82　最终效果

4）执行"文件"→"存储为"菜单命令，弹出"存储为"对话框，将文件保存为 A209.jpg。

3. 磁性套索工具

使用磁性套索工具可以沿着自动识别的形状边界绘制不规则选区。若图片边缘与背景的颜色对比明显，可以使用该工具快速选取对象。单击工具箱中的"磁性套索工具"按钮，会显示如图 2-83 所示的磁性套索工具选项栏。

图 2-83　磁性套索工具选项栏

1）宽度。下面对各选项进行说明。用于设置套索检测范围，以像素为单位，参数范围为 1～256 像素。宽度值决定了以光标所在位置为基准，其周围有多少个像素能够被工具检测到，如果选择对象的边界清晰可设置较大的值，相反则设置一个较小的值。

2）对比度。该项用于设置选取边缘的灵敏度，参数范围为 1%～100%，设置较高的数值时能检测到背景对比鲜明的边缘，设置较低的数值时可检测对比不太鲜明的边缘。

3）频率。该项用于设置选区生成锚点的密度，参数范围为 0%～100%，设置值越高，产生的锚点速度越快，数量也越多。

4）钢笔压力。该项用于设置专用绘图板的笔刷压力，数值范围为 0～100。

📝 案例3　用磁性套索工具抠图

【案例效果】第 2 章\A210.jpg，如图 2-84 所示。

【素材文件】第 2 章\210.jpg，如图 2-85 所示。

图 2-84　案例效果

图 2-85　案例素材

【主要知识点】

▤▤ 用磁性套索工具进行复杂形状抠图。

▤▤ 进行选区编辑与调整。

【操作过程】

1）启动 Photoshop 软件，打开素材 210.jpg。

2）单击工具箱中的"磁性套索工具"按钮 ，将光标移到要抠取对象的边缘位置单击，然后沿着要抠取对象的边缘拖动，如图 2-86 所示，将终点与起点重合，双击生成选区，如图 2-87 所示。

3）按〈Ctrl+X〉或〈Ctrl+C〉组合键，再按〈Ctrl+V〉组合键。最终效果如图 2-88 所示。

图 2-86　磁性套索选区

图 2-87　多边形选区

图 2-88　最终效果

4）执行"文件"→"存储为"菜单命令，弹出"存储为"对话框，将文件保存为 A210.jpg。

4. 钢笔工具

在 Photoshop 中，钢笔工具是最为准确的抠图工具，能够按照描绘的范围创建平滑的路径，适合于选择边缘光滑、外形复杂的形状。使用钢笔工具抠图包括两个阶段，第一阶段是在需要抠图的边界布置锚点，这一系列的锚点会自动连接成为路径，第二阶段是将路径转换为选区。单击工具箱中的"钢笔工具"按钮，会显示如图 2-89 所示的钢笔工具选项栏。

图 2-89　钢笔工具选项栏

下面对各选项进行说明。

1）绘制模式。该项分为形状、路径和像素 3 种绘制模式。路径模式下只创建路径；形状模式下创建路径，并用前景色填充路径；像素模式不可用。

2）选区。在路径模式下，单击"选区"按钮，会弹出"建立选区"对话框，设置参数后，将路径转化为选区。

3）形状。在路径模式下，单击"形状"按钮，会将路径转换为图形，并在"图层"面板中创建对应的形状图层，效果与选择形状模式相同。

4）路径操作。该项用于选择路径的组合方式。"合并形状"将绘制的新路径加到现有路径区域中；"减去形状"将绘制的新路径从重叠路径区域中减去；"与形状区域相交"只保留新路径与现有路径相交的区域；"排除重叠形状"可以合并路径中排列重叠的区域。

5）路径对齐方式。该项可以为选择路径指定对象排列方式。

6）路径排列方式。该项可以对选择路径的排序顺序进行调整。

🔔 **技巧分享**

绘制路径后，按〈Ctrl〉+〈Enter〉组合键或单击"路径"面板中的"将路径作为选区载入"按钮 ▦，可将路径转换为选区；如果要把选区转换为路径，则单击"从选区生成工作路径"按钮 ▨。

📑 **案例4　用钢笔工具抠图**

【案例效果】第 2 章\A211.jpg，如图 2-90 所示。

【素材文件】第 2 章\211.jpg，如图 2-91 所示。

图 2-90　案例效果　　　　　　　　图 2-91　案例素材

【主要知识点】

📧 用钢笔工具绘制直线和曲线的选区。

📧 学习用路径工具调整锚点和方向线的技巧。

📧 使用路径绘制复杂形状的选区。

【操作过程】

1）启动 Photoshop 软件，打开素材 211.jpg。

2）单击工具箱中的"钢笔工具"按钮 ✐，将光标移到要抠取形状的边缘位置，单击添加第一个路径锚点。然后在边缘另一位置单击，添加第二个路径锚点，绘制直线路径；按住鼠标左键不放拖动，则可绘制曲线路径。不断反复，绘制封闭路径，把图中的花瓶轮廓选取出来。效果如图 2-92 所示。

3）单击钢笔工具选项栏中的"选区"按钮，弹出"建立选区"对话框，按如图 2-93 所示进行设置，单击"确定"按钮。效果如图 2-94 所示。

图 2-92 钢笔路径示意

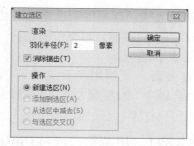

图 2-93 "建立选区"对话框

4）按〈Ctrl+X〉或〈Ctrl+C〉组合键，再按〈Ctrl+V〉组合键。效果如图 2-95 所示。

5）执行"文件"→"存储为"菜单命令，弹出"存储为"对话框，将文件保存为 A211.jpg。

图 2-94 钢笔选区示意

图 2-95 最终效果

2.3.4 细丝类图片抠图

通过前面的学习我们已经知道，简单形状可通过工具箱中的选框类等工具抠取，对于边缘清晰的复杂形状可通过工具箱中的套索类、魔棒类、钢笔等工具抠取。但对于边缘不明显的图片，如毛发、细树枝、毛笔字类，在抠图时需要运用一些特别的技巧。

1．调整边缘技巧

调整边缘用于编修选区。它不仅可以对选区进行羽化、扩展、收缩、平滑处理，还能有效识别透明区域、发丝等细微形状。

在图片中创建选区后，执行"选择"→"调整边缘"菜单命令，弹出"调整边缘"对话框，如图 2-96 所示。下面对各选项进行说明。

1）视图模式。该项用于设置查看选区的视图模式，有"闪烁虚线""叠加""黑底""白底""黑白""背景图层""显示图层"等模式。

2）平滑。该项用于设置选区边界的平滑效果，减少选区边界中的不规则区域。

3）羽化。该项用于设置选区边界的羽化程序。

4）对比度。该项用于设置选区边缘的清晰度。

5）移动边缘。该项用于设置选区边缘的收缩和扩张，当为负值时，可以收缩选区；当为正值时，可以扩张选区。

6）输出到。该项用于设置选区的输出模式，有"选区""图层蒙版""新建图层"等模式。

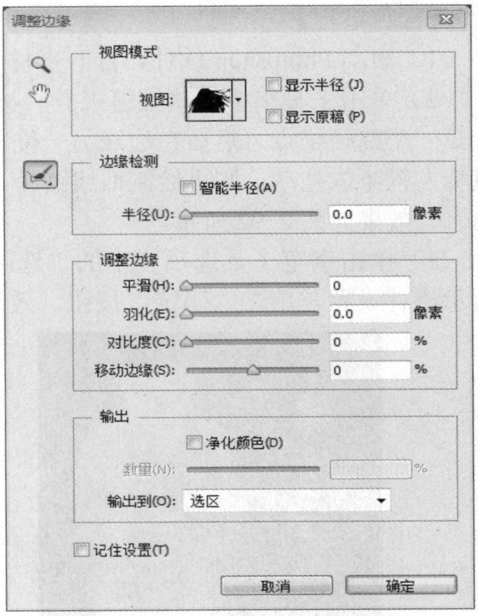

图 2-96 "调整边缘"对话框

案例1 用调整边缘技巧抠图

【案例效果】第 2 章\A212.jpg，如图 2-97 所示。

【素材文件】第 2 章\212.jpg，如图 2-98 所示。

图 2-97 案例效果

图 2-98 案例素材

【主要知识点】

用快速选择工具选择人物主体选区。

用调整边缘技巧调整选区边缘。

【操作过程】

1）启动 Photoshop 软件，打开素材 212.jpg。

2）单击工具箱中的"快速选择工具"按钮，选择人物的主体轮廓，如图 2-99 所示。

3）执行"选择"→"调整边缘"菜单命令，弹出"调整边缘"对话框，选择"白底"视图模式，单击左侧的"调整半径工具"按钮，在人物头发发丝边缘处进行涂抹，并设置输出模式为"选区"。调整前后的效果对比如图 2-100 所示。

4）执行"选择"→"反向"菜单命令，按〈Delete〉键删除人物背景。

5）新建背景图层并填充红色，放置于人物图层之下，如图 2-101 所示。

6）在人物图层中，发丝处带有原图片背景（白色）痕迹，可单击工具箱中的"加深工具"按钮，在这些位置进行涂抹。涂抹完后的效果如图 2-102 所示。

图 2-99　选择人物主体轮廓

图 2-100　使用调整半径工具涂抹前后对比

图 2-101　填充红色背景

图 2-102　使用加深工具涂抹发丝的效果

7）执行"文件"→"存储为"菜单命令，弹出"存储为"对话框，将文件保存为A212.jpg。

2．通道技巧

通道用于存储图片的某种信息，分为颜色通道、专色通道、Alpha 通道。颜色通道是存储图片颜色信息的通道，和图片的颜色模式有关，每个颜色通道都是一幅灰度图，表示一种颜色的明暗变化。若打开 RGB 颜色模式，则显示 RGB、红、绿、蓝 4 个通道，如图 2-103 所示。通过对红（R）、绿（G）、蓝（B）3 个颜色通道的变化以及它们相互之间的叠加来得到各种颜色。图片颜色通过分色存储的方式，自动分配到不同的单色通道中，方便进行颜色调整和通道色彩的计算。Alpha 通道是一个 8 位的灰度通道，用于存储选区，方便进行选区的载入、计算等操作。该通道用 256 级灰阶来记录图片中的透明信息，定义透明、不透明、半透明区域。在 Alpha 通道中，白色表示选区，黑色表示非选区，灰色表示半透明选区。

图 2-103　通道面板示意图

📝 **案例 2　用通道技巧抠图**

【案例效果】第 2 章\A213.jpg，如图 2-104 所示。

【素材文件】第 2 章\213.jpg，如图 2-105 所示。

图 2-104 案例效果 　　　　　　图 2-105 案例素材

【主要知识点】

▤ 通过亮度/对比度、色阶命令调整图片明暗对比度。

▤ 使用通道技巧抠图。

【操作过程】

1）启动 Photoshop 软件，打开素材 213.jpg。

2）执行"图像"→"调整"→"亮度/对比度"菜单命令，加大图片的明暗对比度，"亮度/对比度"对话框中的参数设置如图 2-106 所示。调整后的图片效果如图 2-107 所示。

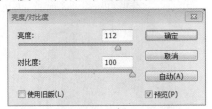 

图 2-106 "亮度/对比度"对话框 　　　图 2-107 调整亮度/对比度

3）打开"通道"面板，依次单击红、绿、蓝色通道，比较通道的明暗对比程度，发现蓝色通道的明暗对比比较强烈，拖动蓝色通道到"创建新通道"按钮 ▣ 上，复制生成"蓝 副本"通道。

4）将"蓝 副本"通道中人物的脸和身体部分用"画笔工具" ✎ 涂成黑色，如图 2-108 所示。

5）执行"图像"→"调整"→"色阶"菜单命令，加大图片的明暗对比度，"色阶"对话框中的参数设置如图 2-109 所示。

 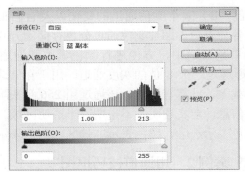

图 2-108 在"蓝 副本"通道中涂黑 　　　图 2-109 "色阶"对话框

6）抠图过程中头发细节损失是必然的，要注意对头发细节的调整，可反复调整亮度/对比度、色阶，直到达到满意效果。

7）选择"蓝 副本"通道，单击"将通道作为选区载入"按钮 ，建立选区。

8）单击"图层"面板中的人物图层，删除除人物主体之外的区域，如图 2-110 所示。在人物图层上添加红色背景图层，如图 2-111 所示。

9）如果发现头发中有浅灰的区域，可用"加深工具" 进行涂抹。最终效果如图 2-112 所示。

图 2-110　抠取人物主体　　　　图 2-111　添加背景　　　　图 2-112　最终效果

10）执行"文件"→"存储为"菜单命令，弹出"存储为"对话框，将文件保存为 A213.jpg。

3．色彩范围技巧

色彩范围技巧是利用图片的颜色和影调创建选区，可识别图片中的某些特定颜色，以利于更精确、方便地抠图。打开一个图片文件后，执行"选择"→"色彩范围"菜单命令，弹出"色彩范围"对话框，如图 2-113 所示。下面对各选项进行说明。

1）选择。该项是系统预设的颜色和色调选项，包括"红色""黄色""绿色""青色""蓝色""洋红""高光""中间调""阴影"等，可选择相应的颜色范围。

2）颜色容差。该项用于指定选择范围内色彩的区域，拖动滑块可增加或减少选择彩色的范围。

3）选择预览方式。选择"选择范围"单选

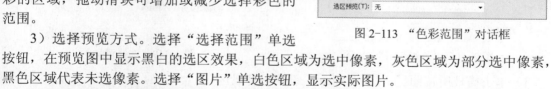

图 2-113　"色彩范围"对话框

按钮，在预览图中显示黑白的选区效果，白色区域为选中像素，灰色区域为部分选中像素，黑色区域代表未选像素。选择"图片"单选按钮，显示实际图片。

4）选区预览。该项用于设置图像窗口中未被选中区域的状态。"无"不显示预览；"灰度"以灰色调显示未被选中的区域；"黑色杂边"黑色显示未被选中的区域；"白色杂边"与"黑色杂边"相反，以白色显示未被选中的区域；"快速蒙版"以默认蒙版颜色显示未被选中的区域。

5）颜色取样工具。该项用于吸取图片中的颜色，"吸管工具"通过单击取色；"添加到取样工具"通过单击在预览或图片里添加颜色；"从取样中减去工具"通过单击在预览或图片里减去颜色。

案例3 用色彩范围技巧抠图

【案例效果】第 2 章\A214.jpg，如图 2-114 所示。

【素材文件】第 2 章\214.jpg，如图 2-115 所示。

图 2-114 案例效果

图 2-115 案例素材

【主要知识点】

建立细枝条等细丝状选区。

使用色彩范围技巧抠图。

【操作过程】

1）启动 Photoshop 软件，打开素材 214.jpg。

2）执行"选择"→"色彩范围"菜单命令，弹出"色彩范围"对话框，如图 2-116 所示。由于要选择整个背景，所以单击"添加到取样"按钮，在下面图片预览区域的背景位置多次单击，确定整个背景显示为白色后，单击"确定"按钮，如图 2-117 所示。

图 2-116 "色彩范围"对话框

图 2-117 选择背景

3）单击梅枝所在图层，按〈Delete〉键删除背景区域。最终效果如图 2-118 所示。

4）执行"文件"→"存储为"菜单命令，弹出"存储为"对话框，将文件保存为 A214.jpg。

2.3.5 半透明图片抠图

有些特殊对象如婚纱、玻璃等物体，具有半透明或透明的特质，下面讲解这些物体的抠图技巧。

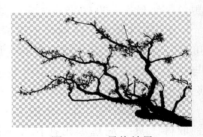

图 2-118 最终效果

📺 案例1 用蒙版技巧实现半透明类物体抠图

【案例效果】第 2 章\A215.jpg，如图 2-119 所示。

【素材文件】第 2 章\215.jpg，如图 2-120 所示。

图 2-119 案例效果   图 2-120 案例素材

【主要知识点】

📠 使用蒙版技巧抠图。

【操作过程】

1）启动 Photoshop 软件，打开素材 215.jpg。

2）拖动"图层 1"到"图层"面板下方的"创建新图层"按钮上，复制生成"图层 1 副本"。

3）选择"图层 1"图层，单击"图层"面板下方的"添加图层蒙版"按钮，单击蒙版图层，用黑色画笔工具涂抹图中半透明婚纱区域，如图 2-121 所示。

4）在"图层 1 副本"上，设置图层混合模式为滤色模式，创建婚纱区域为选区，将其他区域删除，如图 2-122 所示。

5）在两个图层下方，添加一个红色的背景图层，图层结构如图 2-123 所示。最终效果如图 2-119 所示。

图 2-121 涂抹婚纱区域   图 2-122 创建婚纱选区   图 2-123 图层结构

6）执行"文件"→"存储为"菜单命令，弹出"存储为"对话框，将文件保存为 A215.jpg。

📺 案例2 用通道技巧实现透明物体类抠图

【案例效果】第 2 章\A216.jpg，如图 2-124 所示。

【素材文件】第 2 章\216.jpg，如图 2-125 所示；第 2 章\B216.jpg 作为背景图片。

【主要知识点】

📠 建立透明或半透明物体选区。

📠 用颜色通道技巧调整选区。

图 2-124　案例效果　　　　　　　　　　　　图 2-125　案例素材

【操作过程】

1）启动 Photoshop 软件，打开素材 216.jpg。

2）打开"通道"面板，依次单击红、绿、蓝色通道，比较通道的明暗对比程度，发现蓝色通道的明暗对比比较强烈，拖动蓝色通道到"创建新通道"按钮 ▣ 上，复制生成"蓝 副本"通道。

3）执行"图片"→"调整"→"亮度/对比度"菜单命令，加大图片的明暗对比度，注意玻璃杯的完整性和灰色区域的层次，"亮度/对比度"对话框中的参数设置如图 2-126 所示。用黑色画笔工具将除杯子以外的区域涂黑，调整后的图片效果如图 2-127 所示，

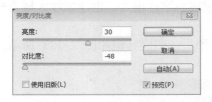

图 2-126　"亮度/对比度"对话框　　　　　图 2-127　涂黑杯子以外区域

4）执行"图片"→"调整"→"色阶"菜单命令，加大图片的明暗对比度，要保持灰色区域的层次以实现半透明效果，"色阶"对话框中的设置如图 2-128 所示。

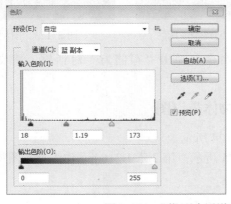

图 2-128　"蓝 副本通道"色阶调整后效果

5）图 2-128 中杯子边缘模糊，再次调整亮度/对比度，直到杯子边缘清晰，灰色区域有

层次感为止，如图 2-129 所示。

6）选择"蓝 副本"通道，单击"将通道作为选区载入"按钮 ，建立选区。

7）单击"图层"面板中的玻璃杯图层，执行"选择"→"反向"菜单命令，按〈Delete〉键删除背景，如图 2-130 所示。

图 2-129 "蓝 通道"副本调整效果 　　　　　　　　图 2-130 删除背景

8）按住〈Ctrl〉键的同时单击图层缩览图，选择并剪切玻璃杯。

9）打开背景图片 B216.jpg 文件，多次按〈Ctrl+V〉组合键粘贴多个玻璃杯，调整玻璃杯位置，最终效果如图 2-124 所示。

10）执行"文件"→"存储为"菜单命令，弹出"存储为"对话框，将文件保存为A216.jpg。

2.4　网页图片修复

网页中的图片素材来源众多，因此图片素材中往往存在许多问题，这就要求网页设计师在应用图片时，必须解决这些问题，以保证网页的质量。

2.4.1　修图的必要性

在前面的章节中讲解了图片的选择、抠图的方法。由于图片素材或多或少都会存在一些瑕疵和缺陷，从而影响网页的整体效果。下面就将网页图片中的常见问题进行归纳与总结。

1．图片中的污点、小面积瑕疵

污点和小面积瑕疵是很多图片中都会出现的问题，如灰尘、杂质等污点，人物面部的痘痘，商品上的划痕、缺陷等。

2．图片中的大面积瑕疵

网页中的素材图片有一部分是从其他图片中提取的，如抠图，通常需要将抠取的图片合成在一起，常会出现相互之间格格不入的情况。

3．图片中的光影缺陷

图片中的光影是影响网页整体效果的重要因素，常见的光影缺陷有曝光过度、过暗或显灰、红眼现象等。

2.4.2　图片的简单修复

修复可以弥补由各种原因导致的图片缺陷，在 Photoshop 中提供了相关工具，如污点修复画笔工具、修复画笔工具、修补工具、内容感知移动工具、仿制图章工具等。

1．污点修复画笔工具

污点修复画笔工具可以轻松去除图片中的点状瑕疵等，适合于修复面积较小的瑕疵。单击工具箱中的"污点修复画笔工具"按钮，打开污点修复画笔工具选项栏，如图 2-131 所示。

图 2-131　污点修复画笔工具选项栏

下面对各选项进行说明。

1）近似匹配。对笔触边缘的像素进行取样修复。

2）创建纹理。对笔触中的像素进行取样修复。

3）内容识别。自动识别相近内容进行修复。

4）对所有图层取样。选中该复选框可对所有可见图层中的像素进行取样。

📑 案例 1　用污点修复画笔工具去掉瑕疵

【案例效果】第 2 章\A217.jpg，如图 2-132 所示。

【素材文件】第 2 章\217.jpg，如图 2-133 所示。

　　图 2-132　案例效果　　　　　　　　　　　　图 2-133　案例素材

【主要知识点】

📑 利用污点修复画笔工具进行小面积修复。

【操作过程】

1）启动 Photoshop 软件，打开素材 217.jpg。

2）单击工具箱中的"污点修复画笔工具"按钮，在图片中的文字区域进行涂抹。最终效果如图 2-132 所示。

3）执行"文件"→"存储为"菜单命令，弹出"存储为"对话框，将文件保存为 A217.jpg。

2．修复画笔工具

修复画笔工具与污点修复画笔工具类似，可将样本的纹理、透明度和阴影等与所修复的像素匹配，修复后痕迹不明显，能与周围区域完全融合。单击工具箱中的"修复画笔工具"按钮，打开修复画笔工具选项栏，如图 2-134 所示。

图 2-134　修复画笔工具选项栏

下面对各选项进行说明。

1）模式。该项用于设置混合模式。"替换"模式用于使用柔边画笔时，保留画笔边缘的杂色、胶片颗粒和纹理。

2）取样。该项用于选择修复所需要的样本。按住〈Alt〉键，光标变为圆形十字形，在图片上单击进行取样，在要修复的位置按住鼠标左键不放并拖动，可复制出取样点及周围的像素。

3）图案。用"图案"面板中选择的图案来填充图片。

4）对齐。可连续对像素进行取样。

5）样本。从指定的图层进行取样，可选择"当前图层""当前和下方图层""所有图层"。

案例2　用修复画笔工具修复缺陷

【案例效果】第 2 章\A218.jpg，如图 2-135 所示。

【素材文件】第 2 章\218.jpg，如图 2-136 所示。

图 2-135　案例效果　　　　　　　　图 2-136　案例素材

【主要知识点】

利用修复画笔工具进行小面积修复。

【操作过程】

1）启动 Photoshop 软件，打开素材 218.jpg。

2）在包图片素材中，第三个包带有多余的挂钩，将其去除。单击工具箱中的"修复画笔工具"按钮，按住〈Alt〉键在白色背景上单击取样，然后在挂钩位置涂抹。

3）不断重复到步骤 2，直到挂钩被清除为止。最终效果如图 2-135 所示。

4）执行"文件"→"存储为"菜单命令，弹出"存储为"对话框，将文件保存为A218.jpg。

3．修补工具

修补工具利用其他区域内容或图案来修补当前选中的区域，并能将样式的纹理、光照和阴影等与源图片进行匹配。单击工具箱中的"修补工具"按钮，打开修补工具选项栏，如图 2-137 所示。

图 2-137　修补工具选项栏

下面对各选项进行说明。

1）选区方式。该项用于选择要修补的图片区域，其功能与前面所讲的选区工具相同。

2）修补。该项用于设置修补图片的模式。"正常"模式，对修补区域进行修补；"内容识别"模式，在修补时自动识别区域周围效果并融入。

3）源。用目标区域修补选中的区域。

4）目标。用选中的区域修补目标区域。

5）使用图案。用图案来修补选中的区域。

案例3　用修补工具修复缺陷

【案例效果】第 2 章\A219.jpg，如图 2-138 所示。

【素材文件】第 2 章\219.jpg，如图 2-139 所示。

图 2-138　案例效果　　　　　　　　　图 2-139　案例素材

【主要知识点】

利用修补工具修复图片。

【操作过程】

1）启动 Photoshop 软件，打开素材 219.jpg。

2）单击工具箱中的"修补工具"按钮，围着湖中雕像建立选区，如图 2-140 所示。

 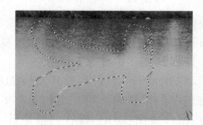

图 2-140　用修补工具创建选区　　　　　　图 2-141　　修复后效果

3）将修补模式设置为"内容识别"，向右拖动选区到湖面区域后松开鼠标，如图 2-141 所示。按〈Ctrl+D〉组合键取消选区，最终效果如图 2-138 所示。

4）执行"文件"→"存储为"菜单命令，弹出"存储为"对话框，将文件保存为 A219.jpg。

4. 内容感知移动工具

内容感知移动工具用于混合被选区域内的图片，并自动匹配区域周围效果，单击工具箱中的"内容感知移动工具"按钮，打开内容感知移动工具选项栏，如图 2-142 所示。

图 2-142　内容感知移动工具选项栏

下面对各选项进行说明。

1）模式。该项用于确定是移动还是复制。建立选区后有两种操作模式："移动"模式下拖动选区实现位置变化；"扩展"模式下拖动选区实现选区复制。

2）适应。该项用于确定移动选区内图片的混合适应模式，包括"非常严格""严格"

"中""松散""非常松散" 5 种模式。

案例 4 用内容感知移动工具修复缺陷

【案例效果】第 2 章\A220.jpg，如图 2-143 所示。
【素材文件】第 2 章\220.jpg，如图 2-144 所示。

图 2-143 案例效果

图 2-144 案例素材

【主要知识点】

利用内容感知移动工具制作商品列表。

【操作过程】

1）启动 Photoshop 软件，打开素材 220.jpg，双击背景图层将其变为普通图层。

2）单击工具箱中的"裁剪工具"按钮，将光标移至图片左侧边缘时，光标变为双向箭头形状，向左拖动，距离为一个商品图片位置，如图 2-145 所示。

图 2-145 用裁剪工具延伸图片宽度

3）在左侧商品图片的左侧建立一个小的矩形选区，如图 2-146 所示。按〈Ctrl+T〉组合键变换选区，向左侧拖动可实现商品背景的复制，见图 2-147 所示。

图 2-146 用矩形选框工具建立背景选区

图 2-147 拉伸出背景

4）利用矩形选框工具选择左侧商品图片，如图 2-148 所示。在工具箱中单击"内容感知移动工具"按钮，选择"扩展"模式，将商品图片拖动到左侧空白处，如图 2-149 所示。

图 2-148 建立商品图片选区

图 2-149 移动并复制商品图片

5）对新生成的商品图片进行抠图，去掉主体图片。

6）置入新文件 A221.jpg，并栅格化该图层，去掉图片的背景，移动图片到最左侧的商品图片中。最终效果如图 2-149 所示。

7）执行"文件"→"存储为"菜单命令，弹出"存储为"对话框，将文件保存为 A220.jpg。

5. 仿制图章工具

仿制图章工具指定像素点为复制基准点（对图片取样），将其复制到新的区域，与修复画笔工具类似，其操作要经过取样、复制两个环节。单击工具箱中的"仿制图章工具"按钮，打开仿制图章工具选项栏，如图 2-150 所示。

图 2-150 仿制图章工具选项栏

下面对各选项进行说明。

1）切换画笔面板。单击该按钮会打开"画笔"面板，可对画笔的笔触、大小等进行调整。

2）切换仿制源面板。单击该按钮会打开"仿制源"面板，可对取样点进行更多的操作。

3）不透明度。该项用于设置复制图片的不透明度。

4）流量。该项用于调整画笔涂抹时的数量。

5）对齐。勾选该复选框后，可连续对图片进行取样，否则始终采用初始取样点的样本。

6）样本。该项用于选择进行数据取样的图层，有"当前和下方图层""当前图层""所有图层" 3 种模式。

📑 案例 5 用仿制图章工具修复缺陷

【案例效果】第 2 章\A221.jpg，如图 2-151 所示。
【素材文件】第 2 章\221.jpg，如图 2-152 所示。

图 2-151 案例效果

图 2-152 案例素材

【主要知识点】

☞ 利用仿制图章工具修复图片。

【操作过程】

1）启动 Photoshop 软件，打开素材 221.jpg，发现果盘边缘不完整。

2）按〈Ctrl++〉组合键，放大图片，单击工具箱中的"仿制图章工具"按钮，按住〈Alt〉键在果盘有缺陷的附近单击取样，然后在缺陷位置涂抹。

3）不断重复步骤 2，直到果盘边缘完整为止。最终效果如图 2-151 所示。

4）执行"文件"→"存储为"菜单命令，弹出"存储为"对话框，将文件保存为 A221.jpg。

2.5 网页图片变形

网页图片素材的处理一般要经过 4 个步骤，一是选择网页图片，如抠图；二是修复图片，弥补图片的缺陷；三是形状变换；四是色彩变换，以适应网页整体配色方案的要求。本节主要讲解第 3 步，即图片的大小、形状等的变换。

1. 变换命令

☞ **案例 1 用变换命令变形图片**

【案例效果】第 2 章\A222.jpg，如图 2-153 所示。

图 2-153 案例效果

【素材文件】第 2 章\222-1.jpg、222-2.jpg、222-3.jpg，如图 2-154 所示；第 2 章\222.jpg 作为背景图片，如图 2-155 所示。

图 2-154 案例素材　　　　　　　　　　　图 2-155 背景图

【主要知识点】

☞ 利用"编辑"→"变换"菜单命令进行图片变形。

【操作过程】

1）启动 Photoshop 软件，打开素材 222.jpg（背景图）。

2）置入 222-1.jpg、222-2.jpg、222-3.jpg 手机素材图，如图 2-156～图 2-158 所示，分别将 3 个图层栅格化。

图 2-156　手机 1

图 2-157　手机 2

图 2-158　手机 3

3）执行"编辑"→"变换"菜单命令，利用缩放对 222-1.jpg 图片进行大小变换，利用旋转对图片进行角度变换，利用透视使图片向右倾斜。调整后的效果如图 2-159 所示。

4）对 222-1.jpg 所在图层添加"投影"图层样式，设置混合模式为"正常"，颜色为白色，不透明度为 22%，角度为 90 度，距离为 23 像素，也可自行进行设置，以达到满意效果。

5）同理重复步骤 3、4，对图片 222-2.jpg、222-3.jpg 进行向左倾斜效果设置，如图 2-160 所示。

图 2-159　设置手机 1 效果

图 2-160　设置手机 2、手机 3 效果

6）在 222-1.jpg 图片的左侧，使用横排文字工具输入"燃情夏日"，作为广告宣传语，设置字体为"楷体"，大小为 72，字体颜色为 f0d03a。

7）对"燃情夏日"图层进行栅格化，利用矩形选框工具建立选区，执行"选择"→"变换选区"菜单命令，旋转选区，然后删除"日"字的右下角。效果如图 2-161 所示。

8）在下方输入文本"低价燃情，礼动夏日"，设置字体为"仿宋"，其他自定义。

9）在右侧输入文本"MX3"，设置字体为 Calibri，其他自定义，栅格化该图层以对"X"进行字体变形，利用矩形选框工具建立选区，执行"选择"→"变换选区"菜单命令，旋转选区方向，使选区呈菱形，删除选区使"X"中心呈空心状，如图 2-162 所示。

图 2-161 设置文本

图 2-162 文本设置后的效果

10）添加背景层次化效果。设置初始颜色为深蓝色，在"颜色"面板中调整明度，使颜色变浅，使用画笔工具在背景图层上涂抹出不规则区域。

11）可添加多个新图层，在每个图层中绘制各种形状，填充设置初始颜色为深蓝色，通过降低图层透明度的方法，使背景呈现深浅不一的效果，提升背景的层次感。最终效果如图 2-153 所示。

12）执行"文件"→"存储为"菜单命令，弹出"存储为"对话框，将文件保存为A222.jpg。

2. 操控变形命令

使用操控变形命令，可以改变动作的形状，从而制作出不同形态的图片效果。执行"编辑"→"操控变形"菜单命令，打开操控变形命令选项栏，如图 2-163 所示。

图 2-163 操控变形命令选项栏

1）模式。该项有"刚性""正常"和"扭曲"3 种模式。"刚性"模式使变形效果精确，但缺少柔和的过渡；"正常"模式使变形效果准确，且有柔和过渡；"扭曲"模式有变形和透视效果。

2）浓度。该项可选择"较少点""正常"或"较多点"。三者的区别就是所要处理的图像中网状数量不同。

3）扩展。该项可选择设置变形效果的缩减范围。当像素值较大时，变形网格的范围会向外扩张，且变形之后图像的边缘会更加平滑；当像素值较小时，则图像的边缘变化效果会很生硬。

4）显示网格。勾选该复选框后，在图像上显示变形网格；取消勾选后，则隐藏网格。

5）图钉深度。选择一个图钉，单击第一个按钮，可以将其向上层移动一个堆叠顺序；单击第二个按钮，可以将其向下层移动一个堆叠顺序。

6）旋转。如果选择"自动"，在拖动图钉对图像进行扭曲时，会自动对图像内容进行旋转操作；如果选择"固定"，可在其后的文本框中输入需要角度值，设置准确的旋转角度。选择一个图钉后，按住〈Alt〉键，会出现一个变换框，拖动即可旋转图像。

7）复位/撤销/应用。单击第一个按钮可还原图像；单击第二个按钮可退出编辑；单击第三个按钮可应用变换。

案例2 用操控变形命令变形字体

【案例效果】第 2 章\A223.jpg，如图 2-164 所示。

长职大学生在线
www.cvitd.com

图 2-164　案例效果

【主要知识点】

✍ 利用操控变形命令进行图片、字体变形。

【操作过程】

1）启动 Photoshop 软件，新建文件，设置宽度为 400 像素，高度为 200 像素。

2）单击工具箱中的"文字工具"按钮，设置字体为"微软雅黑"，大小为 18，斜体加粗，字体颜色为 d72103，输入文本"长职大学生在线"，如图 2-165 所示。

3）在文本图层上右击，在弹出的快捷菜单中选择"转化为智能对象"或"栅格化图层"命令，观察要变形的"大""学""线"3 个字要与其他字分开，可通过设置字体来实现。

4）对"大"字建立选区，执行"编辑"→"操控变形"菜单命令，在选项栏中设置"浓度"为"较多点"，在"大"字上添加图钉。因为要变动笔画，需要在字的主体结构上添加图钉，以固定不变的部分，将要变形的笔画向下拖动，如图 2-166 所示。

长职大学生在线　　　　长职大

图 2-165　输入文本 　　　　　　　　图 2-166　操控变形文字"大"

5）重复步骤 4，对"学"和"线"两个字进行操控变形，如图 2-167 和图 2-168 所示。

长职大学　　　　在线

图 2-167　操控变形文字"学" 　　　　图 2-168　操控变形文字"线"

6）单击"提交操控变形"按钮或使用移动工具，对操控变形进行应用，利用橡皮工具等对形状进行再修改。

7）新建文本图层，输入网址www.cvitd.com。最终效果如图 2-164 所示。

8）执行"文件"→"存储为"菜单命令，弹出"存储为"对话框，将文件保存为A223.jpg。

2.6　本章小结

图片是网页中最直观的元素，图片处理通常分为图片的收集、选择、修复和组合几个环节。图片收集要从网页主题出发，并注重图片的尺寸、清晰度等因素；抠图是图片选择的技术手段，是提升图片品质的重要方法；图片修复可以改善图片的品质、色彩效果；图片组合是根据网页需求对图片进行重新组合的过程，使图片相互协调。

📧 课后实训项目

项目一名称：抠图技巧训练

项目设计要求：请根据需要完成抠图作品 10 张，图片自行收集，方法自行选择。具体抠图要求如下。

1）人物图 2 张。

2）梅花图 1 张，松树图 1 张。

3）美女长发图 2 张。

4）名家草书 2 张。

5）动画中的角色 2 张。

项目二名称：水果网店——果盘图片设计

项目设计要求：运用所学的抠图、修复、组合技巧，为水果网店设计所需要的果盘图片，运用手法不限。设计 3 张果盘图片，设计所需素材见"第 2 章\项目二"文件夹。具体设计要求如下。

1）主题突出，设计规范。

2）图片配色方案设计合理。

3）合理运用图片抠图、修复、组合技巧。

4）作品分别保存为.psd 和.jpg 格式文件，以备随时修改。

第3章　网页色彩设计

在网页设计中，色彩搭配具有举足轻重的作用，运用好色彩能彰显网页独特的风格。在实际应用中，同一个网站往往需要用不同的色彩表现适应各种情况，如节假日、纪念日等特殊时期，网站内容不变，色彩搭配会相应变化，给人以不同的视觉感受。

通过对网页中各元素的色彩进行配置，能使网页呈现不同的效果。本章将从影调、色调这两个方面进行讲解，帮助读者熟练掌握网页中图像的调色方法和技巧。

【本章要点】

◁)) 了解色彩的作用和类型。

◁)) 掌握色彩影调的调整技术。

◁)) 掌握色彩色调的调整技术。

3.1　色彩简介

色彩可分为无彩色和有彩色两大类。无彩色包括黑、白、灰；有彩色包括红、黄、蓝等颜色。无彩色有明暗变化，也称色调。有彩色有 3 个属性，即色相、饱和度、明度，下面来了解下这 3 个属性。

1．色相

所谓色相就是颜色，即色彩的"相貌"，如红、橘红、翠绿、湖蓝，群青等。色相是区分色彩的主要依据，是色彩的最明显特征。最常见的色谱"彩虹"就是按照红、橙、黄、绿、青、蓝、紫的顺序依次过渡渐变，如图 3-1 所示。

图 3-1　彩虹色

2．饱和度

饱和度是指色彩的鲜艳程度，也称纯度，即色彩中包含的单种标准色成分的多少。纯度越高色感越强，所以纯度是色彩感觉强弱的标志。不同颜色所能达到的纯度也有不同，其中红色纯度最高，绿色纯度相对较低。如图 3-2 所示，从左到右饱和度依次降低。

图 3-2　从左到右饱和度依次降低

3．明度

明度即色彩的明暗差别。色彩的明度差别包括两个方面，一是指某一颜色的深浅差别，如粉红、大红、深红，都是红色，但一种比一种深；二是指不同颜色间的明度差别，如在六标准色中，黄色最浅，紫色最深，橙、绿、红和蓝明度相近。如图 3-3 所示，从左到右明度依次降低。

图 3-3　从左到右明度依次降低

3.2　网页配色规范

配色，简单来说就是将合适的颜色摆在适当的位置。但要想搭配好色彩却并不容易。大多数人对色彩的敏感度往往大于文字，因此在网页设计中，网页配色就显得尤为重要，通过配色能调节页面视觉的舒适度，是吸引浏览者目光的重要手段。

通常网页的配色基础为三原色（RGB），下面从三原色开始讲解网页配色的原则及方法。如图 3-4 所示的色环显示了最基础的颜色种类。

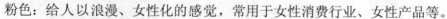

黄色：给人以青春、乐观、豁达的感觉，常被用作点睛之色。

红色：给人以活力、速度、紧迫的感觉，常用于打折促销等。

蓝色：给人以信任、安全、有底蕴的感觉，常用于银行、安全中心等机构。

绿色：给人以生命力、轻松、天然的感觉，常用于保健品等行业。

橙色：给人以积极、进取、有活力的感觉，常用于唤起行动，如按钮的颜色常用橙色。

图 3-4　色环

粉色：给人以浪漫、女性化的感觉，常用于女性消费行业、女性产品等。

黑色：给人以沉重、有影响力、严肃的感觉，常用于奢侈品营销等。

紫色：给人以冷静、神秘的感觉，常用于美妆等女性产品。

3.2.1　网页配色的原则

关于网页配色，首先要区分一下网页设计与平面设计的区别。网页是显示在显示器上的，设计时受显示器屏幕空间和互联网传输带宽的约束。其次，网页配色要以 Web 颜色为基础，色彩种类有限；而平面设计的颜色种类却不受制约。因此网页配色有自己独特的搭配原则和技巧。

1. 配色要围绕主题来选择

不同的网页主题要选择不同的色彩进行表达。例如，科技类网站多以蓝色调为主，能够传达深远、沉静、睿智的理念。再如，过年时网站多以红色调为主，能够传达热闹、温暖、吉祥的年味。

2. 配色要保持风格统一

色彩的风格很多，如古典风格、动漫风格、时尚风格等，在同一页面中切忌将不同风格混杂，那样会使页面失去信息传递的方向，给人以混乱的感觉。

3. 配色要突出艺术感

单纯用文字和图片堆砌的页面会让浏览者产生厌烦的情绪，通过艺术处理，让文字和图片以优美的方式展现出来，能让浏览者身心愉悦，更好地接受网页传递的信息。

3.2.2 网页配色的常用方法

1. 规划页面整体色调

在网页设计中，主题是灵魂，布局和配色是表达手段。规划页面整体色调是网页设计的开始，需要从颜色选择和各自所占面积等因素入手。一般来说，网页设计主张色彩搭配选择不超过 3 种颜色（主色、辅助色、点缀色），在配色中主色占大面积，以主色为中心选择其他颜色，形成网页整体色调。不同的主色调表现不同的气氛，如采用红色系作为主色，页面呈现热闹、温暖的感觉。

2. 合理搭配背景色与前景色

在页面设计中，背景主要是衬托作用，在构造前景主体时，往往会推远、虚化背景，这就需要前景色和背景色要有一定的对比，突出前景色，避免喧宾夺主。

3. 基础配色方法

1）单色搭配。

这是由一种色相的不同明度组成的搭配。这种搭配能很好地体现颜色的明暗变化。单色搭配可通过调整色彩的饱和度和透明度等产生层次变化，如图 3-5 所示。

图 3-5　单色搭配

2）近似色搭配。

所谓近似色，就是在色环上相邻近的颜色，如图 3-6 所示的橙色、褐色、黄色搭配，这种搭配具有低对比度，较和谐，让人赏心悦目。

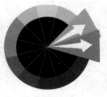

图 3-6　近似色搭配

3）对比色搭配。

这是由色环中相对的两个色相组成的搭配。对比色可以突出重点，产生了强烈的视觉效果。在设计时一般以一种颜色为主色调，对比色作为点缀，可以起到画龙点睛的作用，如图 3-7 所示。

图 3-7　对比色搭配

4）分裂补色搭配。

同时用补色及类比色的搭配确定颜色关系，称为分裂补色搭配。这种颜色搭配既有类比色的低对比度，又有补色的力量感，形成一种既和谐又有重点的颜色关系，如图 3-8 所示。

图 3-8　分裂补色搭配

4．恰当运用配色的平衡

配色的平衡就是颜色的强弱、轻重、浓淡这些关系的平衡，运用恰当会使整个画面变得美观、自然和舒适。

1）保持冷暖色调平衡。

暖色调给人以阳光的感觉，冷色调给人以清凉的感觉，要合理搭配冷暖色调，平衡视觉心理，过冷或过暖都会导致情感失衡。如图 3-9 所示为同一导航区域中的两个图片超链接。通过 Photoshop 拾色器可以发现，红色是偏冷的红，蓝色是偏冷的蓝，这样就保证了图片在一个调子上。

图 3-9　冷暖色互补平衡

2）利用互补色保持色调平衡。

利用互补色也能够实现色调的平衡，能补充色彩情感表达的缺失感。调节互补色的明度、饱和度能改变情感的走向。例如，在图 3-10 中都采用暖色，关注的重点不是很明显；在图 3-11 中利用冷色来突出重点，实现了色调的平衡。在设计中，一般用暖色作为前景色，冷色作为背景色。

图 3-10　都采用暖色

图 3-11　暖色与冷色互补平衡

3）通过添加黑、白、灰保持色调平衡。

在色彩搭配中，往往会出现色彩辣眼睛的情况，最明显的就是互补色搭配时。平衡这种色调时，可通过添加中性色黑、白、灰来实现。

将 RGB 色盘调成灰度模式后，可以检测画面的黑白灰层级关系和比重。图 3-12 中的渐变是按照黑白灰平衡的原理，渐变出来的颜色不会乱，很有韵律，所以黑白灰平衡能有效把控色彩的稳定，控制互补色的平衡。想要让色彩更突出或更协调，可单独使用黑、白、灰，也可综合使用黑、白、灰。

图 3-12　黑白灰平衡

网页色彩搭配是一个高难度的技术活，要让色彩在视觉上达到平衡，布局完美，需要设计师们不断地尝试、琢磨、积累、创新。

3.3 调整影调

影调是指一张图片的明暗程度。图片中浅色部分就是高调，即明部；深色部分就是低调，即暗部；中间不亮不暗的部分为中间调。

3.3.1 利用直方图判断图像的影调

直方图能反映出图片明暗部的分布情况。利用菜单命令或"直方图"面板都可以打开直方图。如图 3-13 所示，左图为彩色图片，右图为该图片的直方图，从直方图中可以看出，该图片颜色分布较均匀，暗部以绿色和蓝色为主，明部以红色为主。直方图显示了图片的色阶信息，暗部显示在左侧、中间调显示在中部，高光显示在右侧。

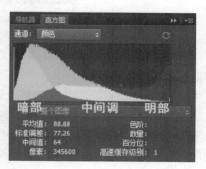

图 3-13　图片及其直方图

直方图可以帮助用户确定某个图像是否有足够的细节来进行校正。在图 3-14 中，图片色彩集中在暗部，图片过暗，缺少明度；图 3-15 中，图片色彩集中在中间调；图 3-16 中，图片色彩集中在明部，图片处于过度曝光状态。对于图片的明暗部、中间调失调情况，可利用色阶命令进行调整。

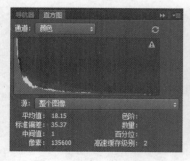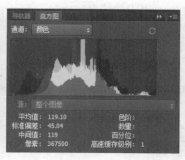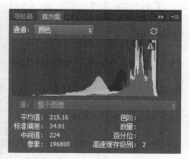

图 3-14　暗部色彩集中　　　图 3-15　中间调色彩集中　　　图 3-16　明部色彩集中

3.3.2 设置影调

了解了关于图片影调的知识后，就可以根据需要对图片的影调进行调整了。关于影调调整 Photoshop 提供了多种方法，可根据每种方法的特点灵活选择，合理运用。

1．色阶命令

色阶可以调整图像的明暗度，调节偏色现象。在 RGB 通道中可调整图像的明暗，在单个 R、G、B 通道中可通过拖动滑块调整图像的色彩。执行"图像"→"调整"→"色阶"菜单命令，弹出"色阶"对话框，如图 3-17 所示。

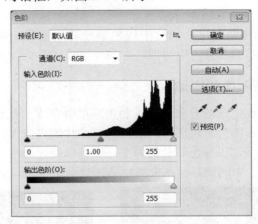

图 3-17　"色阶"对话框

下面对各选项进行说明。

1）预设。系统设置好的色阶调整效果。

2）通道。可选择 RGB 整体通道，也可选择 R、G、B 单色通道。

3）输入色阶。通过单击或拖动"输入色阶"下面的滑块，或在下方的文本框中输入数值，来调整图像的阴影、中间调和高光区域的色调和对比度，黑色滑块代表暗，灰色滑块代表灰，白色滑块代表高光。

4）输出色阶。通过单击或拖动"输出色阶"下面的滑块调整明暗，向右拖动黑色滑块变亮，向左拖动白色滑块变暗。

📃 案例1　用色阶命令调整影调

【案例效果】第 3 章\A301.jpg，如图 3-18 所示。

【素材文件】第 3 章\301.jpg，如图 3-19 所示。

图 3-18　案例效果

图 3-19　案例素材

【主要知识点】

📃 用色阶命令对影调进行调节。

52

【操作过程】

1）启动 Photoshop 软件，打开素材 301.jpg。

2）执行"图像"→"调整"→"色阶"菜单命令，弹出"色阶"对话框，向右拖动黑色滑块，拖动过程中要注意曝光现象的减弱状态；向右拖动灰色滑块，移动过程中要注意图片的明暗对比度到合适。

3）调整后单击"确定"按钮，效果如图 3-18 所示。

4）执行"文件"→"存储为"菜单命令，弹出"存储为"对话框，将文件保存为 A301.jpg。

2. 曲线命令

曲线命令与色阶命令类似，用于调整图片的明暗度，其优势在于可以通过添加控制点调整细节。执行"图像"→"调整"→"曲线"菜单命令，弹出"曲线"对话框，如图 3-20 所示。在对话框中，对角线与网格线有 3 个交叉点，分别为阴影区域、中间调区域和高光区域。

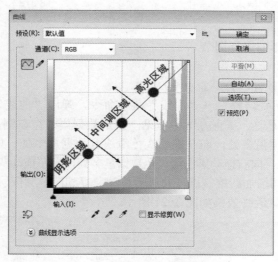

图 3-20 "曲线"对话框

下面对各选项进行说明。

1）预设。系统设置的调整效果。

2）通道。可对整个 RGB 通道进行调整，或对单个 R、G、B 通道进行调整。

3）输出/输入。可以通过改变曲线形状来调整明暗度。在移动曲线控制点时，"输出"和"输入"选项中的数值将随之变化。

4）自动。单击该按钮可对图片的颜色、对比度进行自动调整。

5）曲线显示选项。展开隐藏的选项，在其中可以对更多的选项进行设置。

6）通过绘制来修改曲线。单击该按钮可通过绘制来更改曲线的形状，并同时将绘制的曲线应用到图片中。

7）吸管工具。单击"在图像中取样以设置黑场"按钮，可在图片中单击来设置黑场；单击"在图像中取样以设置灰场"按钮，可在图片中单击来设置灰场；单击"在图像中取样以设置白场"按钮，可在图片中单击来设置白场。

案例 2　用曲线命令调整影调

【案例效果】第 3 章\A302.jpg，如图 3-21 所示。

【素材文件】第 3 章\302.jpg，如图 3-22 所示。

图 3-21　案例效果　　　　　　　　　　　　图 3-22　案例素材

【主要知识点】

用曲线命令对影调进行调节。

【操作过程】

1）启动 Photoshop 软件，打开素材 302.jpg。

2）执行"图像"→"调整"→"曲线"菜单命令，弹出"曲线"对话框。因图片中蓝色较多，所以选择蓝色通道。从直方图中可见，大量数据集中在左侧，右侧数据较少，因此向右拖动黑色滑块到数据量多处，向左拖动灰色滑块到数据量多处，如图 3-23 所示。

3）选择 RGB 通道，向右拖动黑色滑块至数据量多处，向左拖动灰色滑块至数据量多处，在曲线上的两个控制点间增加新控制点，并进行移动，直到图像颜色层次清晰，如图 3-24 所示，单击"确定"按钮。最终效果如图 3-21 所示。

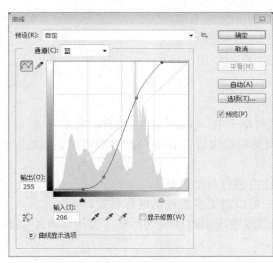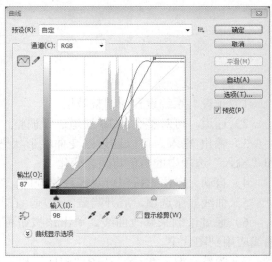

图 3-23　调整蓝色通道　　　　　　　　　　图 3-24　调整 RGB 通道

4）执行"文件"→"存储为"菜单命令，弹出"存储为"对话框，将文件保存为A302.jpg。

在"色阶"或"曲线"对话框中，如果对调整的效果不满意，可按住〈Alt〉键，其中"取消"按钮就会变成为"复位"按钮，单击即可回到初始状态。

3. 曝光度命令

在拍摄过程中，曝光过度会导致照片偏白，曝光不足会导致照片偏暗。出现这种现象可以使用曝光度命令来校正。执行"图像"→"调整"→"曝光度"菜单命令，弹出"曝光度"对话框，如图 3-25 所示。下面对各选项进行说明。

1）曝光度。调节图片的光感强弱，数值越大图片越亮，其高光部分迅速提亮。

2）位移。调节图片中的灰度值，也就是中间调的明暗。

3）灰度系数校正。减淡或加深图片中的灰色部分，可以消除图片的灰暗区域，增强画面的清晰度。

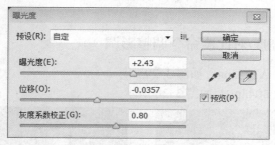

图 3-25 "曝光度"对话框

📽 **案例 3 用曝光度命令调整影调**

【案例效果】第 3 章\A303.jpg，如图 3-26 所示。

【素材文件】第 3 章\303.jpg，如图 3-27 所示。

图 3-26 案例效果

图 3-27 案例素材

【主要知识点】

🖅 用曝光度命令对影调进行调节。

【操作过程】

1）启动 Photoshop 软件，打开素材 303.jpg。

2）执行"图像"→"调整"→"曝光度"菜单命令，弹出"曝光度"对话框，设置"曝光度"为+2.43，"位移"为-0.0357，"灰度系统校正"为 0.80，单击"确定"按钮。最终效果如图 3-26 所示。

3）执行"文件"→"存储为"菜单命令，弹出"存储为"对话框，将文件保存为 A303.jpg。

4．亮度/对比度命令

亮度/对比度命令用于对图片的亮度和对比度进行调整。执行"图像"→"调整"→"亮度/对比度"菜单命令，弹出"亮度/对比度"对话框，如图 3-28 所示。下面对各选项进行说明。

1）亮度。调整图片的明暗度。

2）对比度。调整图片中明部与暗部之间的对比度。

3）自动。单击该按钮，会自动对图片设置亮度与对比度。

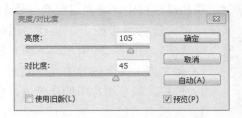

图 3-28　"亮度/对比度"对话框

案例4　用亮度/对比度命令调整影调

【案例效果】第 3 章\A304.jpg，如图 3-29 所示。

【素材文件】第 3 章\304.jpg，如图 3-30 所示。

图 3-29　案例效果

图 3-30　案例素材

【主要知识点】

用亮度/对比度命令对影调进行调节。

【操作过程】

1）启动 Photoshop 软件，打开素材 304.jpg。

2）执行"图像"→"调整"→"亮度/对比度"菜单命令，弹出"亮度/对比度"对话框，设置"亮度"为 105，"对比度"为 45，单击"确定"按钮。最终效果如图 3-29 所示。

3）执行"文件"→"存储为"菜单命令，弹出"存储为"对话框，将文件保存为 A304.jpg。

5．阴影/高光命令

阴影/高光命令用于调整图片的阴影与高光效果，对于逆光而形成剪影、白亮的问题有一定的校正作用。执行"图像"→"调整"→"阴影/高光"菜单命令，弹出"阴影/高光"对话框，如图 3-31 所示。

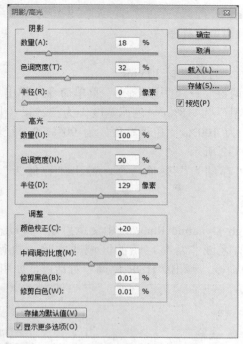

图 3-31 "阴影/高光"对话框

下面对各选项进行说明。

1) 阴影数量。设置图片中阴影部分的亮度。向左拖动滑块变暗,向右拖动滑块变亮。

2) 高光数量。设置图片中高光部分的亮度。向左拖动滑块变暗,向右拖动滑块变亮。

3) 色调宽度。调整阴影或高光中色调的修改范围。

4) 半径。调整每个像素周围的局部相邻像素的大小。

5) 中间调对比度。调整中间调图像的明暗对比。向左拖动滑块降低对比度,向右拖动滑块增加对比度。

6) 修剪黑色。指定在图片中将多少阴影剪切到极端阴影,色阶值为 0。

7) 修剪白色。指定在图片中将多少高光剪切到极端高光,色阶值为 255。

案例5 用阴影/高光命令调整逆光现象

【案例效果】第 3 章\A305.jpg,如图 3-32 所示。

【素材文件】第 3 章\305.jpg,如图 3-33 所示。

图 3-32 案例效果

图 3-33 案例素材

【主要知识点】

☞ 用阴影/高光命令对影调进行调节。

【操作过程】

1）启动 Photoshop 软件，打开素材 305.jpg。

2）执行"图像"→"调整"→"阴影/高光"菜单命令，弹出"阴影/高光"对话框，在"阴影"选项组中设置"数量"为 18%，"色调宽度"为 32%，"半径"为 0 像素；在"高光"选项组中设置"数量"为 100%，"色调宽度"为 90%，"半径"为 129 像素，单击"确定"按钮。最终效果如图 3-32 所示。

3）执行"文件"→"存储为"菜单命令，弹出"存储为"对话框，将文件保存为 A305.jpg。

6．HDR 色调命令

HDR 的英文全称是 High Dynamic Range，中文意思是"高动态范围"，也称"大光比范围"。通俗地说就是，亮的区域非常亮，暗的区域非常暗。执行"图像"→"调整"→"HDR 色调"对话框，菜单命令，弹出"HDR 色调"对话框，如图 3-34 所示。

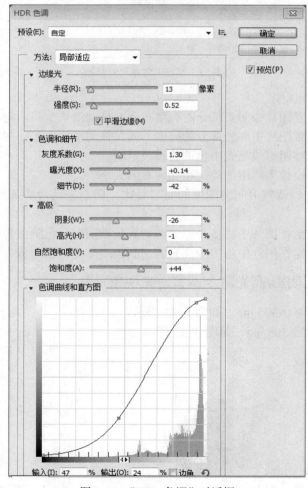

图 3-34 "HDR 色调"对话框

下面对各选项进行说明。

1）预设。系统提供的 HDR 效果。

2）半径。指定局部区域亮度的大小。参数越大，亮度越亮。

3）强度。指定两个像素的色调值差多大时，将属于不同的亮度区域。当"半径"值一定时，数值越大，画面效果越明显。

4）平滑边缘。勾选该复选框，可使图片中间调区域的边缘更加平滑。

5）灰度系数。当参数设置为 1.0 时动态范围最大。较低的设置会加重中间调，而较高的设置会加重高光和阴影。

6）曝光度。调整图片的明暗程度。

7）细节。调整图片的锐化程度。

8）阴影。调整图片阴影区域的明暗程度。

9）高光。调整图片高光区域的明暗程度。

10）自然饱和度。调整细微颜色强度。

11）饱和度。调整图片颜色的浓度。其调整程度比自然饱和度更强。

12）色调曲线和直方图。拖动曲线，可以调整图像的整体色调。

📽 案例 6　用 HDR 色调命令调整影调

【案例效果】第 3 章\A306.jpg，如图 3-35 所示。

【素材文件】第 3 章\306.jpg，如图 3-36 所示。

【主要知识点】

📑 用 HDR 色调命令对影调进行调节。

图 3-35　案例效果　　　　　　　　　　图 3-36　案例素材

【操作过程】

1）启动 Photoshop 软件，打开素材 306.jpg。

2）执行"图像"→"调整"→"HDR 色调"菜单命令，弹出"HDR 色调"对话框，在"边缘光"选项组中设置"半径"为 302 像素，"强度"为 3.40；在"色调和细节"选项组中设置"灰度系数"为 0.67，"曝光度"为-0.05，"细节"为+95%；在"高级"选项组中设置"阴影"为-1%，"高光"为+15%，"自然饱和度"为+91%，"饱和度"为+46%，单击"确定"按钮。最终效果如图 3-35 所示。

3）执行"文件"→"存储为"菜单命令，弹出"存储为"对话框，将文件保存为 A306.jpg。

3.4 调整色调

色调是指一张图片中色彩的整体效果。本节将围绕图片的变色、换色、去色 3 个基本技术，来讲解色调的调整。

3.4.1 变色

网页中的元素都应根据页面配色方案进行色彩设计。例如，网页采用蓝色为主色调，则网页中各元素的色彩必须符合该颜色方案，如果与之冲突需进行相应的色彩变换。下面讲解关于色彩变换的相关技术。

1．色相/饱和度命令

执行"图像"→"调整"→"色相/饱和度"菜单命令，弹出"色相/饱和度"对话框，如图 3-37 所示。

图 3-37 "色相/饱和度"对话框

1）预设。提供了多种常用的色相、饱和度、明度效果。

2）全图和单色。全图是选择所有颜色，单色是选择图片中的某一种颜色。

3）色相、饱和度、明度。对全图或某个颜色的饱和度、明度进行调整，也可以根据选择的色相对当前选区进行自动着色，实现颜色的变换。

📝 案例 1 用色相/饱和度命令调色

【案例效果】第 3 章\A307.jpg，如图 3-38 所示。

【素材文件】第 3 章\307.jpg，如图 3-39 所示。

图 3-38 案例效果

图 3-39 案例素材

【主要知识点】

▦ 用色相/饱和度命令对单个颜色进行变换。

【操作过程】

1）启动 Photoshop 软件，打开素材 307.jpg。

2）执行"图像"→"调整"→"色相/饱和度"菜单命令，弹出"色相/饱和度"对话框，在下面的下拉列表框中选择"绿色"，然后对色相、饱和度、明度进行调整。

3）调整后单击"确定"按钮，最终效果如图 3-38 所示。

4）执行"文件"→"存储为"菜单命令，弹出"存储为"对话框，将文件保存为 A307.jpg。

2. 色彩平衡命令

执行"图像"→"调整"→"色彩平衡"菜单命令，弹出"色彩平衡"对话框，如图 3-40 所示。

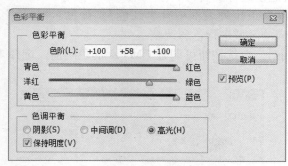

图 3-40 "色彩平衡"对话框

在进行色调调节时，先在"色调平衡"选项组中选择色调范围（阴影、中间调、高光），然后在"色彩平衡"选项组中拖动颜色滑块进行调整。

🎬 **案例 2　用色彩平衡命令调色**

【案例效果】第 3 章\A308.jpg，如图 3-41 所示。

【素材文件】第 3 章\308.jpg，如图 3-42 所示。

图 3-41　案例效果　　　　　　　　图 3-42　案例素材

【主要知识点】

▦ 用色彩平衡命令对高光进行改变。

【操作过程】

1）启动 Photoshop 软件，打开素材 308.jpg。

2）执行"图像"→"调整"→"色彩平衡"菜单命令，弹出"色彩平衡"对话框，先在"色调平衡"选项组中选择"高光"单选按钮，然后在"色彩平衡"选项组中拖动颜色滑块，设置参数值如图 3-40 所示。

3）调整后单击"确定"按钮，最终效果如图 3-41 所示。

4）执行"文件"→"存储为"菜单命令，弹出"存储为"对话框，将文件保存为 A308.jpg。

🔔 技巧分享

在调整色彩平衡时，要避免使图片出现大面积的色块或曝光过度现象，因为这种情况很难修复。

3. 可选颜色命令

执行"图像"→"调整"→"可选颜色"菜单命令，弹出"可选颜色"对话框，如图 3-43 所示。下面对各选项进行说明。

1）颜色。在"颜色"下拉列表框中有"红色""黄色""绿色"等选项，选择某种颜色，便可对该颜色所对应的区域进行色彩调整。

2）方法。选择"相对"单选按钮可调整 CMYK 的色阶值；选择"绝对"单选按钮可调整颜色的绝对值。

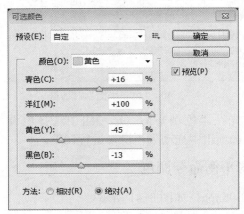

图 3-43 "可选颜色"对话框

✍ **案例3 用可选颜色命令调色**

【案例效果】第 3 章\A309.jpg，如图 3-44 所示。

【素材文件】第 3 章\309.jpg，如图 3-45 所示。

图 3-44 案例效果

图 3-45 案例素材

【主要知识点】

☞ 用可选颜色命令对单种颜色进行变换。

【操作过程】

1）启动 Photoshop 软件，打开素材 309.jpg。

2）执行"图像"→"调整"→"可选颜色"菜单命令，弹出"可选颜色"对话框，在"颜色"下拉列表框中选择"黄色"，拖动"青色""洋红""黄色""黑色"滑块来设置颜色百分比，加大黄色区域。

3）调整后单击"确定"按钮，最终效果如图 3-44 所示。

4）执行"文件"→"存储为"菜单命令，弹出"存储为"对话框，将文件保存为 A309.jpg。

4. 替换颜色命令

执行"图像"→"调整"→"替换颜色"菜单命令，弹出"替换颜色"对话框，如图 3-46 所示。

下面对各选项进行说明。

1）吸管。单击"吸管工具"按钮，在图片上单击，可吸取当前颜色；单击"添加到取样"按钮可添加新的颜色；单击"从取样中减去"按钮可减去颜色。

2）颜色容差。控制颜色的选择精度。数值越高，颜色范围越广。

3）本地化颜色簇。勾选该复选框可更精确地选择相似且连续的颜色范围。

图 3-46 "替换颜色"对话框

4）选区/图像。选择"选区"单选按钮，可在预览区中显示代表选区范围的蒙版，黑色代表未选择区域，白色代表选择区域，灰色代表部分选择的区域；选择"图像"单选按钮，则显示图像内容，不显示选区。

5）替换。拖动其下滑块可调整所选颜色的色相、饱和度和明度。

☞ **案例4 用替换颜色命令调色**

【案例效果】第 3 章\A310.jpg，如图 3-47 所示。

【素材文件】第 3 章\310.jpg，如图 3-48 所示。

图 3-47 案例效果

图 3-48 案例素材

【主要知识点】

📧 用替换颜色命令对单种颜色进行变换。

【操作过程】

1）启动 Photoshop 软件，打开素材 310.jpg。

2）执行"图像"→"调整"→"替换颜色"菜单命令，弹出"替换颜色"对话框，单击"吸管工具"按钮，在图片中吸取红色。

3）在"替换"选项组中，单击右侧的色块，弹出"拾色器"对话框，吸取黄色，然后拖动滑块调整色相、饱和度和明度，以确定替换颜色。调整后单击"确定"按钮，最终效果如图 3-47 所示。

4）执行"文件"→"存储为"菜单命令，弹出"存储为"对话框，将文件保存为A310.jpg。

3.4.2　局部换色

网页元素的色彩根据整体配色方案进行调整后，接下来要考虑如何利用网页元素来突出页面主题，从色彩角度来说就是要突显图片中的某个区域。下面就来讲解图片中局部区域的色彩变换。

1. 蒙版技术

蒙版是一种用于遮盖图片的工具，使用蒙版不会删除图片，它可以将部分图片遮住，即隐藏部分区域，实现控制显示局部区域的作用。蒙版的遮盖作用与抠图类似，不同之处在于蒙版不会对图像造成破坏性的损伤。在 Photoshop 中，蒙版可分为三大类。

1）图层蒙版。图层蒙版是一个 256 级色阶的灰度图像，它蒙在图层上面，起到遮盖图层的作用。在图层蒙版中，纯白色代表图片的可见部分，纯黑色代表图片被遮盖的部分，灰色区域呈现一定的半透明效果，代表半遮盖的部分。

2）矢量蒙版。这是用钢笔工具绘制的路径或形状工具绘制的矢量图遮盖图像，其显示效果由所绘制的形状来决定，与图像的分辨率无关。

3）快速蒙版。单击工具箱底部的"以快速蒙版模式编辑"按钮▣，它可以将任何选区作为蒙版进行编辑。

4）剪切蒙版。它可以用下方的图像限定上层图像的显示范围。剪贴蒙版由内容层和基层两层构成，基层在下，内容层在上并带有一个向下的箭头。在剪贴组中，基层往往只能有一个，而内容层可以有若干个。

📧 案例1　用蒙版技术实现局部换色

【案例效果】第 3 章\A311.jpg，如图 3-49 所示。

【素材文件】第 3 章\311.jpg，如图 3-50 所示。

【主要知识点】

📧 用可选颜色命令对图像颜色进行变换。

📧 用蒙版技术实现局部换色。

图 3-49 案例效果

图 3-50 案例素材

【操作过程】

1）启动 Photoshop 软件，打开素材 311.jpg。

2）复制"背景图层"，建立"背景 副本"图层。

3）执行"图像"→"调整"→"可选颜色"菜单命令，弹出"可选颜色"对话框，从"颜色"下拉列表框中选择"黄色"，设置"青色"为+100%，"洋红"为-63%，"黄色"为-100%，"黑色"为 0%，单击"确定"按钮。

4）选中"背景 副本"图层，单击"图层"面板下方的"添加图层蒙版"按钮。当前图层结构如图 3-51 所示。

5）单击"画笔工具"按钮，用黑色涂抹掉书本的内容。最终效果如图 3-49 所示。

6）执行"文件"→"存储为"菜单命令，弹出"存储为"对话框，将文件保存为 A311.jpg。

图 3-51 图层结构

2．图层混合模式

图层混合模式决定当前图层中的像素与其下面图层中的像素以何种模式进行混合，其功能大体分为六大类，分别为基础、变暗、变亮、融合、色异和蒙色，在图像处理及效果设计中具有独特的作用。

案例2 用图层混合模式实现局部换色

【案例效果】第 3 章\A312.jpg，如图 3-52 所示。

【素材文件】第 3 章\312.jpg，如图 3-53 所示。

图 3-52 案例效果

图 3-53 案例素材

【主要知识点】

用快速选择工具或魔棒工具建立青色区域。

☞ 用图层混合模式实现局部换色。

【操作过程】

1）启动 Photoshop 软件，打开素材 312.jpg。

2）复制"背景"图层，建立"背景 副本"图层，使用快速选择工具或魔棒工具等抠图工具，完成青色区域选区的建立，如图 3-54 所示。

3）在"背景 副本"图层上，新建"图层 1"图层，并在选区中填充颜色，颜色值设置为 #fc07e2，图层结构如图 3-55 所示。设置当前图层混合模式为"颜色"，效果如图 3-56 所示。

4）执行"文件"→"存储为"菜单命令，弹出"存储为"对话框，将文件保存为 A312.jpg。

图 3-54　建立青色区域选区　　　　图 3-55　图层结构　　　　图 3-56　设置图层混合模式后的效果

3.4.3　去色

在前面讲解了整图换色、图片局部换色的方法。在实际应用中，有时需要将图片中的一种或几种颜色直接去掉，变成黑、白、灰色，这样往往会呈现出特殊的视觉效果。本节就来讲解去色方法。

☞ **案例1　用色相/饱和度命令局部去色**

【案例效果】第 3 章\A313.jpg，如图 3-57 所示。

【素材文件】第 3 章\313.jpg，如图 3-58 所示。

图 3-57　案例效果　　　　　　　　图 3-58　案例素材

【主要知识点】

☞ 用色相/饱和度命令实现局部去色。

【操作过程】

1）启动 Photoshop 软件，打开素材 313.jpg。

2）执行"图像"→"调整"→"色相/饱和度"菜单命令，弹出"色相/饱和度"对话框，在下拉列表框中选择"绿色"，设置"饱和度"为-100%，图中的绿色叶片变为深灰色。拖动"明度"滑块，叶片在灰色与黑色间变化，调整后单击"确定"按钮。最终效果如图 3-57 所示。

3）执行"文件"→"存储为"菜单命令，弹出"存储为"对话框，将文件保存为 A313.jpg。

案例 2　用去色命令整图去色

【案例效果】第 3 章\A314.jpg，如图 3-59 所示。

【素材文件】第 3 章\314.jpg，如图 3-60 所示。

图 3-59　案例效果　　　　　　　图 3-60　案例素材

【主要知识点】

用去色命令实现整张图片去色。

【操作过程】

1）启动 Photoshop 软件，打开素材 314.jpg。

2）执行"图像"→"调整"→"去色"菜单命令，最终效果如图 3-59 所示。

3）执行"文件"→"存储为"菜单命令，弹出"存储为"对话框，将文件保存为 A314.jpg。

案例 3　用黑白命令整图去色

【案例效果】第 3 章\A315.jpg，如图 3-61 所示。

【素材文件】第 3 章\315.jpg，如图 3-62 所示。

图 3-61　案例效果　　　　　　　图 3-62　案例素材

【主要知识点】

用黑白命令也能实现整张图片去色，与去色命令相似，但可以调整灰度层级。

【操作过程】

1）启动 Photoshop 软件，打开素材 315.jpg。

2）执行"图像"→"调整"→"黑白"菜单命令，弹出"黑白"对话框，在"预设"下拉列表框中选择"绿色滤镜"单击"确定"按钮。最终效果如图 3-61 所示。

3）执行"文件"→"存储为"菜单命令，弹出"存储为"对话框，将文件保存为 A315.jpg。

3.4.4　色彩调整工具

除了前面讲解的色调调整的方法以外，Photoshop 还提供了减淡工具、加深工具和海绵工具，可以调整图片颜色的色彩和饱和度。

1. 加深工具和减淡工具

使用加深工具对图片的特定区域进行涂抹，可使该区域的颜色变暗。使用减淡工具对图片的特定区域进行涂抹，可使该区域的颜色变淡。单击工具箱中的"加深工具"按钮![加深工具]和"减淡工具"按钮![减淡工具]，打开其各自的选项栏，如图3-63和图3-64所示。

图3-63　加深工具选项栏

图3-64　减淡工具选项栏

下面对各选项进行说明。

1）画笔预设。设置画笔的笔头形状和大小等。

2）范围。选择加深或减淡图片的涂抹范围颜色，有"高光""中间调""阴影"3个选项。选择"高光"可变暗或变亮图片的高光、亮色区域；选择"中间调"可变暗或变亮图片的中间调颜色区域；选择"阴影"可变暗或变亮图片的阴影、暗色区域。

3）曝光度。控制加深或减淡效果时应用的曝光大小及变暗或变亮的程度。值越大，加深或减淡效果越明显。

4）启用喷枪效果。单击该按钮启用喷枪模式。

5）保护色调。勾选该复选框，在加深或减淡过程中保持色调不受影响。

✍ **案例1　用加深工具和减淡工具调整颜色**

【案例效果】第3章\A316.jpg，如图3-65所示。

【素材文件】第3章\316.jpg，如图3-66所示。

图3-65　案例效果

图3-66　案例素材

【主要知识点】

📑 用加深工具和减淡工具调整颜色。

【操作过程】

1）启动Photoshop软件，打开素材316.jpg。

2）单击工具箱中的"加深工具"按钮，设置"范围"为"高光"，涂抹图片中的小狗部分。

3）单击工具箱中的"减淡工具"按钮，设置"范围"为"高光"，涂抹图片中小女孩的肩膀部位及裙子部位。最终效果如图3-65所示。

4）执行"文件"→"存储为"菜单命令，弹出"存储为"对话框，将文件保存为A316.jpg。

2. 海绵工具

使用海绵工具可对图片的饱和度进行调整。单击工具箱中的"海绵工具"按钮![海绵工具]，打开海绵工具选项栏，如图3-67所示。

图 3-67　海绵工具选项栏

下面对各选项进行说明。

1）画笔预设。设置画笔的笔头形状和大小等。

2）模式。调整图片的饱和度。

3）流量。设置图片处理的程度。值越大，效果越明显。

📽 案例2　用海绵工具调整饱和度

【案例效果】第 3 章\A317.jpg，如图 3-68 所示。

【素材文件】第 3 章\317.jpg，如图 3-69 所示。

【主要知识点】

📑 用海绵工具调整饱和度。

图 3-68　案例效果　　　　　　　　　　　图 3-69　案例素材

【操作过程】

1）启动 Photoshop 软件，打开素材 317.jpg。

2）单击工具箱中的"海绵工具"按钮，设置"模式"为"饱和"，"流量"为 100%，涂抹整个图片。最终效果如图 3-68 所示。

3）执行"文件"→"存储为"菜单命令，弹出"存储为"对话框，将文件保存为 A317.jpg。

3.5　网页配色引导法

网页配色需要考虑的因素很多，在为企业设计网站时，有时企业主自己也说不清对网站的色彩要求，这时就要仔细分析企业给出的资料，寻找突破口，尽量从客户的角度来思考、设计网站。

3.5.1　标志配色引导法

Logo 是企业最直观的标志，其用色一般与其所属行业密切相关，所以从 Logo 元素中获取网站色彩方案是一条捷径。

1. 找出基础色

打开 Logo 图片，寻找图片中的主色调作为网站配色的基础色。例如，中国中车网站就是从其 Logo（见图 3-70）出发，以酒红色、白色、黑色为主色调（见图 3-71），设计出的网站首页页面如图 3-72 所示。整套配色方案干净、简洁、明快，页面色彩和谐、统一。

图 3-70　中国中车标志　　　　　　　　　　　　　　图 3-71　主色调

图 3-72　中国中车首页

2．增加搭配色

一套简洁的配色方案，基础色通常不会超过 3 种，在此基础上适当扩充即可。其方法一般是基于现有基础色，增加基础色的对比色、增减饱和度形成同色系的深色或浅色、增减明度形成亮色和暗色等。

3.5.2　图片配色引导法

图片配色引导法的第一步是挑选配色优秀的案例图片，第二步利用 Photoshop 获取该图片的配色方案，第三步将配色方案应用于自己的网页配色。

用这种方式可以快速提高色彩搭配的水平，因此要养成搜集成功配色方案的习惯，为今后进行网页设计积累素材和资源。下面用一个具体案例来讲解图片配色引导法的实现步骤。

案例1　用图片配色引导法设计配色方案

【案例效果】第 3 章\A318.jpg，如图 3-73 所示。

【素材文件】第 3 章\318-1.jpg、318-2.jpg，如图 3-74 所示。

　　图 3-73　案例效果　　　　　　　　　　图 3-74　案例素材

【主要知识点】

　用 Photoshop 提取图片配色方案。

　用替换颜色命令调整颜色。

　用吸管工具获取颜色。

【操作过程】

1）启动 Photoshop 软件，打开素材 318-2.jpg。

2）执行"文件"→"存储为 Web 所用格式"菜单命令，弹出"存储为 Web 所用格式"对话框，如图 3-75 所示，设置图片格式为 PNG-8，选择"自定"方式，设置"颜色"为 6 种（颜色数量根据需要提取的颜色数量确定），在下方的"颜色表"预览框中显示出 6 种颜色的色块，这是根据颜色在图片中所占单位面积自动筛选出来的。

3）单击"颜色表"预览框右侧的下拉按钮，打开颜色调板菜单，选择"存储颜色表"命令，将颜色表保存为"颜色表.act"，如图 3-76 所示。

4）双击"颜色表.act"文件，配色方案会自动加载到 Photoshop 的"色板"面板中；或在"色板"面板中单击右上角的下拉按钮，选择"载入色板"命令，弹出"载入"对话框，在"文件类型"下拉列表框中选择"颜色表（*.ACT）"，再选择刚才保存的"颜色表.act"文件，单击"载入"按钮。载入的新配色方案如图 3-77 所示。

5）执行"文件"→"打开"菜单命令，打开素材 318-1.jpg，新的配色方案将以颜色替换方式进行添加，这样能保留原图片的饱和度与明度。

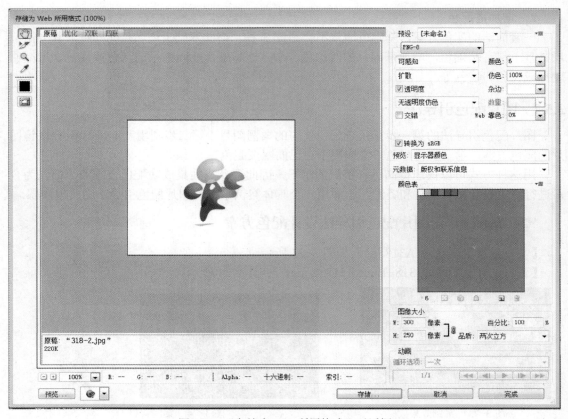

图 3-75 "存储为 Web 所用格式"对话框

图 3-76 保存颜色表文件

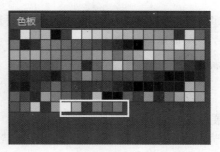

图 3-77　在"色板"面板中载入新配色方案

6）单击工具箱中的"多边形套索工具"按钮，建立蓝色区域的选区，如图 3-78 所示。执行"图像"→"调整"→"替换颜色"菜单命令，弹出"替换颜色"对话框，如图 3-79 所示。

图 3-78　建立蓝色区域的选区

图 3-79　"替换颜色"对话框

7）在"替换颜色"对话框中单击"吸管工具"按钮，单击图中的蓝色区域，设置"颜色容差"为 200，单击"替换"选项组中的色块，从"色板"面板中新添加的 6 种颜色中选择"绿色"，返回"替换颜色"对话框，单击"确定"按钮，完成颜色替换。

8）同理对橘色、绿色等区域的颜色进行替换，完成新的配色方案。

9）新建文本图层，设置合适的字体，设置字体大小为 16 点，输入文字"鑫宝文化传媒"，放置在 Logo 之下，文本颜色从新添加的 6 种颜色中选择合适的即可。最终效果如图 3-73 所示。

10）执行"文件"→"存储为"菜单命令，弹出"存储为"对话框，将文件保存为 A318.jpg。

3.6　本章小结

色彩搭配是网页设计的重要工作，要从网页的主题出发，为网页中的元素选择合适的色彩。以图片为例，要根据网页整体的配色方案，利用相应的图片处理技术，对图片进行色调、影调的调整，以保证图片与网页风格一致。

课后实训项目

项目一名称：精品鞋履展示图栏目区设计

项目设计要求：运用所学的抠图、修复、配色技巧，设计精品鞋履展示栏目区。设计所需素材见"第3章\项目一"文件夹。具体设计要求如下。

1）标题：精品展示。

2）内容：展示企业名称、商品名称、商品价格、商品特征（文字不多于一行）。

3）统一图片的背景，对有瑕疵的图片进行修复。

4）整体设计风格一致，内容合理，层次分明。

项目二名称：为"恒业装饰"网站新增图片配色设计

项目设计要求：运用所学配色技巧，判断"恒业装饰"网站主页的配色方案，并对给出的 7 张图片进行挑选，挑出 4 张图片进行配色，作为本网站的图片元素。设计所需素材见"第3章\项目二"文件夹。

第4章　网页文字设计

在网页设计中，文字和图片设计是其两大组成部分。优秀的网页文字设计能增强视觉传达效果，提高页面的阅读体验。

【本章要点】

◆》 了解网页字体设计规范。
◆》 掌握制作变形字的方法。
◆》 掌握制作连接字的方法。
◆》 掌握制作空心字的方法。

4.1　网页文字设计简介

信息传播是文字最基本的功能。网页文字设计要符合网页的主题，最大限度地传达网页信息。文字设计最重要的一点在于要服从表述主题的要求，要与其内容一致，不能脱离主题，更不能和主题冲突，破坏文字的诉求效果。尤其在网页广告的文字设计上，更应该注意任何一条标题、一个字体标志、一个商品品牌都是有其自身内涵的，将它正确无误地传达给消费者是文字设计的目的，否则将失去它的功能。

4.2　网页文字设计规范

网页设计对字体是有一定的设计规范的，其主要包括以下3点。

1. 字体的设置

网页字体一般选择宋体等比较常用的字体，不要使用生僻字体，防止用户电脑因没安装对应字体造成显示错误。一般浏览器定义的标准字体是中文宋体和英文 Times New Roman 字体。如果网页中没有设置任何字体，将以这两种标准字体显示。另外，Windows 操作系统自带了 40 多种英文字体和 5 种中文字体。这些字体可以在网页里自由使用和设置。凡是 Windows 操作系统下的浏览器都可以正确显示这些字体，但在其他操作系统，如 UNIX 则不能完全正确显示。

2. 字体的大小设置

网页中正文的字体大小最好以系统默认为宜，一般是 16 像素。

行距的变化也会对文本的可读性产生很大影响。一般情况下，接近字体尺寸的行距设置比较适合正文。行距的常规比例为 10:12，即字体大小设置为 10 点，则行距设置为 12 点。这主要是出于以下考虑：适当的行距会形成一条明显的水平空白带，能引导浏览者的目光，若行距过宽会使文字失去较好的延续性，如图 4-1 所示。

图 4-1　学校网页中的字体和行距

3. 特殊字体或艺术字体的设置

如果需要用一些特殊字体或艺术字体来体现网页风格，那么最好以图片的形式置入网页，以保证所有人看到的页面是同一效果。

4.3　设计标准字体

标准字体是指经过设计的专门用来表现企业名称或品牌的字体。标准字体设计包括企业名称标准字和品牌标准字的设计。图 4-2 所示为万科企业的标准字体。

图 4-2　标准字体示例

标准字体是企业形象识别系统中的基本要素之一，常与标志联系在一起，具有明确的说明性，可直接将企业或品牌传达给观众，与视觉、听觉同步传递信息，强化企业形象与品牌的诉求力，其设计的重要性与标志具有同等重要地位。

经过精心设计的标准字体与普通印刷字体的差异在于，除了外观造型不同外，更重要的是，它是根据企业或品牌的个性而设计的，对字体的形态、粗细、字间的连接与配置，统一的造型等都进行了细致严谨的规划，与普通字体相比更美观，更具特色。

在实施企业形象战略中，许多企业和品牌名称趋于同一性，企业名称和标志统一的字体标志设计，已形成新的趋势。

企业名称和标志统一，虽然只有一个设计要素，却可以实现视觉和听觉同步传达信息的效果。

4.4 设计创意字体

创意字体是在标准字体的基础上进行装饰、变化的字体，如图 4-3 所示。

1. 创意字体的构思

（1）变化的准则

1）从内容出发，做到艺术形式与文字内容的完美统一，才能达到传达文字含义和富于视觉表现力的效果，如图 4-3 所示。

2）要易于辨认。文字的结构和基本笔画仍应符合人们认知的习惯。

3）统一和完整。强调字与字之间的统一与完整，要注意它们之间的相互联系。

图 4-3　创意字体示例

（2）变化的范围

1）外形变化。外形变化在排列上可以有横排、竖排、斜排、放射形排列、波浪形排列和其他形状的排列，如图 4-4 所示。

2）笔画变化。其变化的主要对象是点、撇、捺、挑、钩等副笔画。一般只在笔画的长、短、粗、细上稍做变化。如图 4-5 所示，"森林海" 3 个字中将竖笔画和竖钩变形，撇、捺笔画也有细节变化。

图 4-4　外形变化示例

图 4-5　笔画变化示例

3）结构变化。把字的部分笔画夸大、缩小或移动位置，改变文字的重心，使字形更别致，以达到新颖醒目的效果。

结构变化要基于字体现有的结构，通过创意性的变化和转换创造出新的字体结构。字体结构变化可以从以下几个方面加强探索：敢于打破、善于发现、多重结构、统一表现。字体结构变化示例如图 4-6 和图 4-7 所示。

图 4-6　结构变化示例 1

图 4-7　结构变化示例 2

2. 创意字体的类型

按照不同的装饰、变化和艺术加工手法，创意字体可归纳为以下几类。

1）装饰字体，其手法有空心、内线、断笔、虚实、单笔、折带、重叠、连接、扭曲等。装饰字体示例如图4-8所示。

图4-8　装饰字体示例

装饰字体是在基本字形的基础进行装饰、变化加工而来的。它在一定程度上摆脱了印刷字体的字形和笔画的约束，具有较强的表现力。常用于企业标志设计等，如图4-9所示。

图4-9　装饰字体设计

2）形象字体，如图4-10和图4-11所示。

图4-10　字母B形象字体设计　　　　　　图4-11　汉字"羊"形象字体设计

3）立体字体，如图4-12所示。

图4-12　立体字体设计

4）书法字体，如图 4-13 和图 4-14 所示。

图 4-13　书法字体设计 1

图 4-14　书法字体设计 2

案例 1　变形字体设计

【案例效果】第 4 章\A401.jpg，如图 4-15 所示。

【素材文件】第 4 章\401.jpg，如图 4-16 所示。

图 4-15　案例效果

图 4-16　案例素材

【主要知识点】

使用横排文字工具输入文字。

使用变形文字工具对文字进行变形。

【操作过程】

1）启动 Photoshop 软件，执行"文件"→"新建"菜单命令，在弹出的"新建"对话框中设置"名称"为 A401，画布尺寸为 700 像素×500 像素，其他项保留默认值，如图 4-17 所示。

2）打开素材文件，调整素材位置至画布中心，如图 4-18 所示。

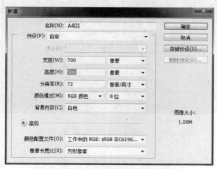

图 4-17　"新建"对话框

图 4-18　打开素材文件并调整至画布中心

3）安装文鼎习字体。将字体安装包复制到系统中，在工具箱中单击"横文字工具"按钮，输入"功夫扇"文字，选择"文鼎习字体"，选项栏参数设置如图 4-19 所示。

图 4-19　选项栏参数设置

4）使用自由变换命令（按〈Ctrl+T〉快捷键），调整字体大小在素材合适的位置，并填充白色，如图 4-20 所示。

5）选择"功夫扇"文字，在选项栏中单击"创建文字变形" ■ 按钮，弹出"变形文字"对话框，"样式"设置为"扇形"，选择"水平"单选按钮，"弯曲"设置为+50%，"水平扭曲"和"垂直扭曲"都设置为 0%，单击"确定"按钮，如图 4-21 所示。效果如图 4-22 所示。

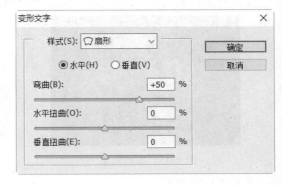

图 4-20　输入"功夫扇"文字　　　　　　　　图 4-21　"变形文字"对话框

6）在"图层"面板中单击"创建新图层"按钮 ■，将图层命名为"背景"，在英文输入法状态下按快捷键〈D〉，将前景色和背景色设置为黑与白，填充前景色（按〈Alt+Delete〉组合键）。填充后的效果如图 4-23 所示。

图 4-22　变形文字效果　　　　　　　　　　图 4-23　将新图层填充为黑色

7）执行"文件"→"存储为"菜单命令，弹出"存储为"对话框，将文件保存为 A401.jpg。

✍ **案例 2　连接字体设计**

【案例效果】第 4 章\A402.jpg，如图 4-24 所示。

【主要知识点】

📧 使用自由钢笔工具绘制文字的路径。

📧 使用画笔工具给文字路径描边。

【操作过程】

1）启动 Photoshop 软件，执行"文件"→"新建"菜单命令。在弹出的"新建"对话框中设置"名称"为 A402，画布尺寸为 1000 像素×800 像素，其他选项保留默认值，如图 4-25 所示。

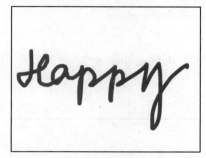

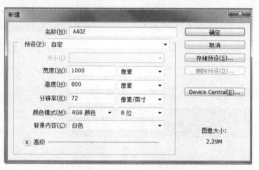

图 4-24　案例效果　　　　　　　　　　　图 4-25　"新建"对话框

2）单击工具箱中的"自由钢笔工具"按钮🖊，在选项栏中选择"路径"。新建图层（按〈Ctrl+Shift+N〉组合键），使用自由钢笔工具在工作区内绘制文字的路径，如图 4-26 所示。

3）单击工具箱中的"画笔工具"按钮🖌，在选项栏中单击"切换画笔面板"按钮📋，打开"画笔"面板，设置"直径"为 20px，"间距"为 15%，如图 4-27 所示。

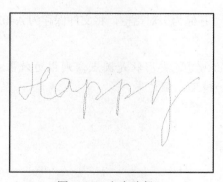

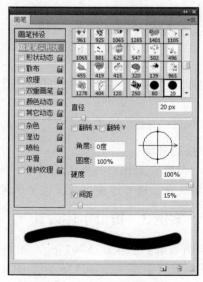

图 4-26　文字路径　　　　　　　　　　　图 4-27　"画笔"面板

4）单击前景色色块，弹出"拾色器"对话框，将当前前景色设置为红色，具体参数设置如图 4-28 所示。

图 4-28　设置前景色

5）执行"窗口"→"路径"菜单命令，打开"路径"面板，如图 4-29 所示，单击"用画笔描边路径"按钮 。效果如图 4-30 所示。

图 4-29　"路径"面板

图 4-30　画笔描边路径

6）单击"路径"面板中的"Happy"工作路径，取消路径选择状态。最终效果如图 4-24 所示。

7）执行"文件"→"存储为"菜单命令，弹出"存储为"对话框，将文件保存为 A402.jpg。

🔔 技巧分享

在"画笔"面板中可以设置间距，如果选择的画笔笔尖形状是圆点，则描边效果就可以是间隔的波点。还可以尝试设置其他画笔选项，如抖动、湿边等。

📑 案例3　折带字体设计

【案例效果】第 4 章\A403.jpg，如图 4-31 所示。

【素材文件】第 4 章\403.jpg，如图 4-32 所示。

【主要知识点】

📝 使用标尺中的辅助线绘图。

📝 使用矩形工具绘图。

图 4-31　案例效果

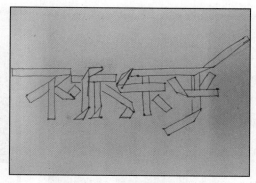

图 4-32　案例素材

【操作过程】

1）执行"文件"→"新建"菜单命令，在弹出的"新建"对话框中设置"名称"为 A403，画布尺寸为 1000 像素×800 像素，其他选项保留默认值，如图 4-33 所示。

2）选择"视图"→"标尺"菜单命令（或按〈Ctrl+R〉组合键），打开 Photoshop 的标尺，利用辅助线按照如图 4-32 所示的草图绘制"不亦乐乎"文字。效果如图 4-34 所示。

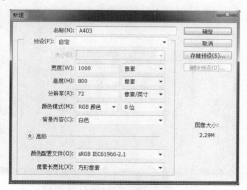

图 4-33　"新建"对话框

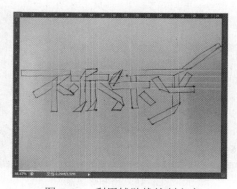

图 4-34　利用辅助线绘制文字

3）执行"图层"→"新建"→"图层"菜单命令，弹出"新建图层"对话框，单击"确定"按钮，新建图层，如图 4-35 所示。

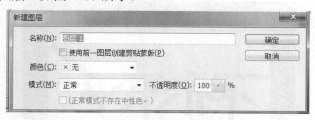

图 4-35　"新建图层"对话框

4）单击前景色色块，弹出"拾色器"对话框，设置红色色值为 C：20%、M：99%、Y：100%、K：0，如图 4-37 所示。

5）利用矩形工具绘制文字"不亦乐乎"的所有横笔画，并填充为红色，如图 4-36 所示。

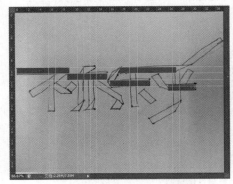

图 4-36　绘制横笔画

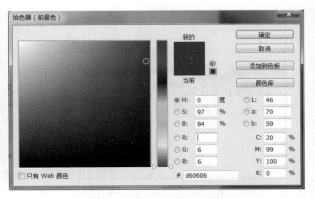

图 4-37　"拾色器"对话框

6）在"图层"面板中单击"创建新图层"按钮 📑，将图层命名为"竖笔画"。在工具箱中单击"矩形工具"按钮 ▭，在工作区中按照参考线绘制文字的竖笔画，填充与横笔画一样的红色，如图 4-38 所示。

7）按同样的方法绘制文字中的所有竖笔画，注意，竖笔画底端对齐，如图 4-39 所示。

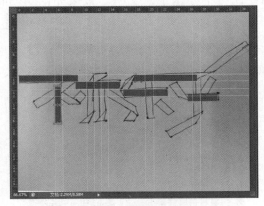

图 4-38　绘制竖笔画

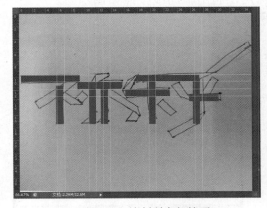

图 4-39　绘制所有竖笔画

8）同理，绘制"不亦乐乎"文字的点、撇、捺等笔画，如图 4-40 所示。最终效果如图 4-31 所示。

图 4-40　绘制其他笔画

9）执行"文件"→"存储为"菜单命令，弹出"存储为"对话框，将文件保存为A403.jpg。

📰 案例4　空心字字体设计

【案例效果】第 4 章\A404.jpg，如图 4-41 所示。

【素材文件】第 4 章\404.jpg，如图 4-42 所示。

图 4-41　案例效果

图 4-42　案例素材

【主要知识点】

📑 使用栅格化文字命令。

📑 使用收缩选区命令。

【操作过程】

1）启动 Photoshop 软件，打开素材文件 404.jpg。

2）执行"文件"→"新建"菜单命令，在弹出的"新建"对话框中设置"名称"为A404，画布尺寸为 1000 像素×800 像素，其他选项保留默认值，如图 4-43 所示。

3）将打开的素材文件拖动到新建文件中，执行"编辑"→"自由变换"菜单命令（或按〈Ctrl+T〉组合键），将图片调整至合适位置，如图 4-44 所示。

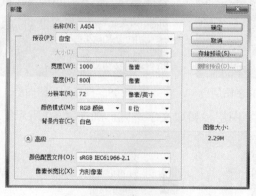

图 4-43　"新建"对话框

图 4-44　调整后的图片素材

4）单击工具箱中的"横排文字工具"按钮 T，输入"夕阳"文字，在"字符"面板中调整字号为 300 点，字体为"汉真广标"，字间距为 100，其他参数设值如图 4-45 所示。效果如图 4-46 所示。

图 4-45 "字符"面板　　　　　　　　　图 4-46 输入"夕阳"文字并调整

5）复制"夕阳"文字图层，生成"夕阳副本"图层并隐藏，在"夕阳"文字图层上右击，选择"栅格化文字"命令，如图 4-47 所示，将"夕阳"文字转变成图片。

6）栅格化后的文字图层前后对比如图 4-48 和图 4-49 所示。

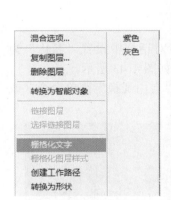

图 4-47　栅格化文字图层　　　　图 4-48　"夕阳"文字图层　　　　图 4-49　栅格化后的图层

7）按住〈Ctrl〉键的同时单击栅格化后的文字图层，提取文字选区，如图 4-50 所示。

图 4-50　提取文字选区

8）在当前选区状态下，选择素材图片所在的"图层 1"，按〈Ctrl+C〉组合键复制，按〈Ctrl+V〉组合键粘贴，生成"图层 2"，如图 4-51 所示。隐藏"图层 1"和白色的"夕阳"图层，如图 4-52 所示。

图 4-51　复制后的图层

图 4-52　隐藏图层

9）隐藏图层后的工作区显示效果如图 4-53 所示。

图 4-53　复制粘贴后的"夕阳"文字

10）选择"图层 2"，按住〈Ctrl〉键的同时单击"图层 2"的缩略图，提取选区。执行"选择"→"修改"→"收缩"菜单命令如图 4-54 所示。弹出"收缩选区"对话框，设置"收缩量"为 15 像素，单击"确定"按钮，如图 4-55 所示。效果如图 4-56 所示。

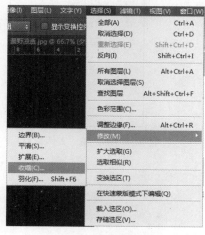
图 4-54　"收缩"菜单命令

图 4-55　"收缩选区"对话框

图 4-56　缩小选区后的效果

11）选择"图层 2"，在当前选区下，按〈Delete〉快捷键，删除选区内容，如图 4-57 所示。最终效果如图 4-58 所示。

图 4-57　删除选区内容

图 4-58　最终效果

12）执行"文件"→"存储为"菜单命令，弹出"存储为"对话框，将文件保存为 A404.jpg。

📝 案例 5　"羊肉串"字体设计

【案例效果】第 4 章\A405.jpg，如图 4-59 所示。

【素材文件】第 4 章\405.jpg，如图 4-60 所示。

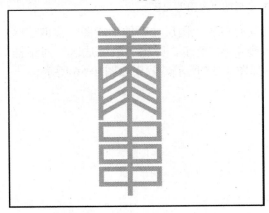

图 4-59　案例效果

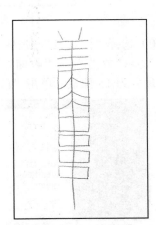

图 4-60　案例素材

【主要知识点】

📠 使用矩形工具绘制文字。

📠 使用自由变换命令调整笔画。

【操作过程】

1）启动 Photoshop 软件，打开素材文件 405.jpg。

2）执行"文件"→"新建"菜单命令，在弹出的"新建"对话框中设置"名称"为A405，画布尺寸为 1000 像素×800 像素，其他选项保留默认值如图 4-61 所示。执行"视图"→"显示"→"网格"菜单命令，将打开的素材文件拖动到新建文件中，调整至合适位置，如图 4-62 所示。

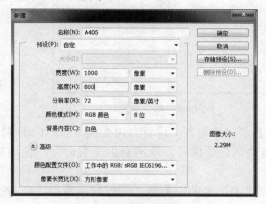

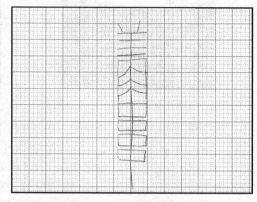

图 4-61 "新建"对话框   图 4-62 打开素材文件

3）单击工具箱中的"矩形工具"按钮，绘制矩形，填充橘色，色值为 R:234、G:161、B:4，按〈Ctrl+J〉组合键 4 次，复制出 4 个矩形，分别移动至合适位置，选择复制的 4 个图层，在选项栏中单击"垂直居中分布"按钮，如图 4-63 所示。效果如图 4-64 所示。

图 4-63 单击"垂直居中分布"按钮

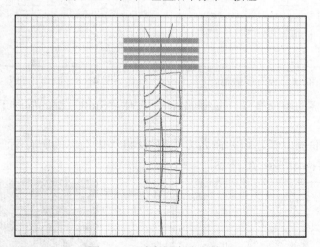

图 4-64 垂直居中分布效果

4）在"图层"面板中新建组并命名为"羊"如图 4-65 所示。将复制的 4 个图层拖动到"羊"组中。

5）继续复制 2 个图层（按〈Ctrl+J〉组合键），进行自由变换（按〈Ctrl+T〉组合键），移动复制的横笔画并顺时针旋转 90°。效果如图 4-66 所示。

图4-65　新建组

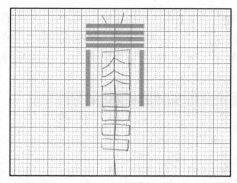

图4-66　制作竖笔画

6）复制横笔画，按住〈Shift〉键的同时下移至合适位置。进行自由变换（按〈Ctrl+T〉组合键），手动旋转制作"肉"字的撇笔画并移动至合适位置，取消自由变换命令。使用矩形选框工具删除多余笔画，效果如图4-67所示。

7）取消选区（按〈Ctrl+D〉组合键），复制"肉"字的撇笔画，进行自由变换，在右键快捷菜单中执行"水平翻转"命令，并移动到合适位置。效果如图4-68所示。

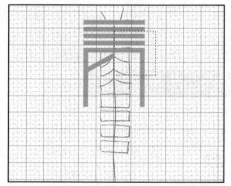

图4-67　制作"肉"字撇笔画

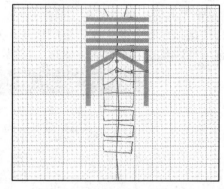

图4-68　制作"肉"字捺笔画

8）选择"肉"字的撇捺笔画，复制4次，按住〈Shift〉键的同时下移至合适位置。效果如图4-69所示。

9）在"图层"面板中新建组并命名为"肉"，将"肉"字的所有笔画全都拖动到"肉"组中。此时，图层结构如图4-70所示。

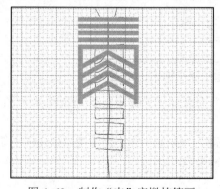

图4-69　制作"肉"字撇捺笔画

图4-70　图层结构

10）复制横笔画，将其移动至合适位置。再次复制后进行自由变换，将其变为一条短的竖笔画，调整竖笔画至合适位置。同理，再制作一个横笔画和竖笔画，构成一个"口"形。在"图层"面板中新建组并命名为"串"，选择构成"口"形的 4 个图层，单击"图层"面板下方的"链接图层"按钮 。如图 4-71 所示。

11）复制"串"字其余两个"口"形笔画，将其图层拖动到新建的"串"组中。效果如图 4-72 所示。

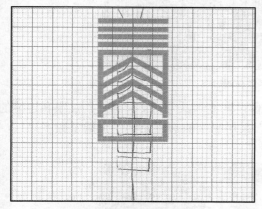

图 4-71　制作"串"字横竖笔画

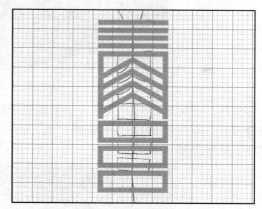

图 4-72　制作"串"字中的 3 个"口"

12）复制横笔画，进行自由变换，将其变为一条长长的竖笔画，调整竖笔画至整个字的中间位置，如图 4-73 所示。

13）制作"羊"字的点笔画。复制横笔画，进行自由变换，将其逆时针旋转 45 度，调整点笔画至整个字的最上端，删除多余笔画内容，如图 4-74 所示。

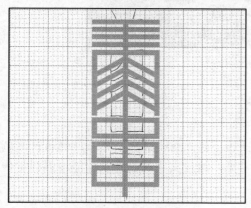

图 4-73　制作竖笔画

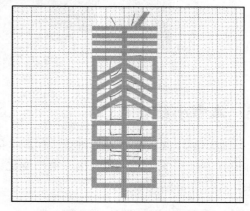

图 4-74　制作"点"笔画

14）制作"羊"字的另外一个点笔画。复制刚才制作的点笔画，进行自由变换，在右键快捷菜单中执行"水平翻转"命令，移动到对称位置。最终效果如图 4-59 所示。

15）执行"文件"→"存储为"菜单命令，弹出"存储为"对话框，将文件保存为A405.jpg。

创意字体目前在网页设计中应用十分广泛，特别是电子商务网站中，更是百花齐放。下面给出两个创意字体设计，供大家研究与学习。

如图 4-75 所示的网页是天猫网站的一个活动页面。采用立体字设计，通过立体化的金色文字以及文字变形的组合设计突出了过年抢年货的喜庆气氛，吸引消费者的眼球。

图 4-75　立体字字体设计

如图 4-76 所示的网页是一个笔画变形的字体设计案例。采用了笔画个别加粗和连笔的组合设计，汉字的笔画形态大体一致，数字"1"采用另类的形态元素，强调了数字"1"，突出了品牌形象。

图 4-76　笔画变形字体设计

4.5　本章小结

本章讲解了网页文字设计规范、创意字体设计等，并详细地讲解了 4 个字体设计案例。字体设计中外形变化、结构变化、笔形变化比较常见，通过文字的创意设计能增强视觉传达效果，增加作品的感染力。

📋 课后实训项目

项目名称："韩流设计"字体设计或者"雨衣"字体设计（任选其一）

项目设计要求：运用韩文的笔画部首组合成可辨认的中文文字形象，完成"韩流设计"4 字组合的字体设计，可采用不同手法进行试验，最终确定整体形态。"雨衣"字体设计运用手法不限。

完成草图 10 幅，成稿选出两组后运用电脑完成电子稿。（可参考设计样图 4-77）

图 4-77 局部笔画变形设计案例

具体设计要求如下。

1）主题突出，设计规范。

2）配色方案设计合理，色彩运用能突出重点。

3）字体设计协调，重点突出，易识别，具有独特的风格。

4）将作品分别保存为.psd 和.jpg 格式文件，以备随时修改。

第5章　网页图标设计

网页图标设计要与网页的整体风格相融合，能够体现网站的类型和主题。网页图标是与其他页面链接的标志。本章将通过丰富的网页图标设计实例，使读者能够举一反三地绘制出更富有创意的网页图标。

【本章要点】

🔊 了解网页图标的概念。

🔊 了解网页图标设计规范。

🔊 掌握网页图标的设计方法和技巧。

5.1　网页图标设计简介

图标是具有明确指代含义的计算机图形。其中，桌面图标是软件标识；软件界面中的图标是功能标识；网页中的图标是链接标识。

一个图标通常代表一个文件、程序、命令或网页。图标能够帮助用户执行命令、迅速打开程序文件或跳转到一个新的页面。

图标的设计方法有组合、标记、情景解释、增强等。

1）组合。例如，"地球+数据连接"的组合表示网络信息连接。

2）标记。例如，放大镜标记通常表示放大的操作含义。

3）情景解释。例如，带有醒目大写 W 字母的文件图标，通常表示这是一个 Word 文档。

4）增强。例如，通过增加头像的个数，表示这是一个群组。

图标的设计风格有线条手绘、涂鸦、剪影、3D、写实（拟物）等。

5.2　网页图标设计规范

如何将图标设计得既具有视觉美感，还能保持图标的标识效果是有一定的章法可循的。

1）图标要与网站的设计风格保持一致，包括使用相同的配色方案；应用的效果要一致（渐变、透明、阴影等效果）。

2）图标应在网站中显得相对醒目一些，尤其是作为导航的时候。

3）图标要设计得简单明了，让人一看就明白其所要传达的内容。

📇 案例1　扁平圆形网页图标设计

【案例效果】第 5 章\A501.jpg，如图 5-1 所示。

【主要知识点】

📇 使用椭圆工具绘图。

✏ 制作图层蒙版效果。

【操作过程】

1）启动 Photoshop 软件，执行"文件"→"新建"菜单命令，在弹出的"新建"对话框中设置"名称"为 A501，画布尺寸为 500 像素×300 像素，"颜色模式"为 RGB 颜色，其他选项保留默认值，如图 5-2 所示。

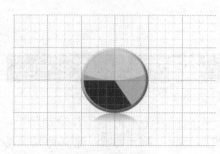

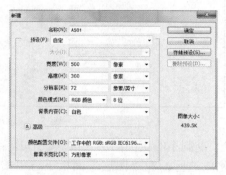

图 5-1　案例效果　　　　　　　　　　　图 5-2　"新建"对话框

2）执行"视图"→"显示"→"网格"菜单命令（或按〈Ctrl+'〉组合键），在画布中出现网格。在工具箱中单击"椭圆工具"按钮，按住〈Alt+Shift〉键的同时从网格中心向外拖动绘制正圆。效果如图 5-3 所示。

3）给正圆填充灰色，色值为 R:196、G:194、B:194，如图 5-4 所示。

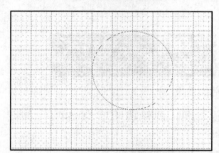

图 5-3　绘制正圆　　　　　　　　　　　图 5-4　设置灰色数值

4）按〈Ctrl+J〉组合键复制灰色正圆图层，按〈Ctrl+T〉组合键进行自由变换，按住〈Alt+Shift〉组合键的同时向内拖动出一个小一点的同心圆，如图 5-5 所示。

5）为小一点的正圆填充黄色，色值为 R:245、G:174、B:37，使用钢笔工具在黄色的圆形上绘制路径，如图 5-6 所示。

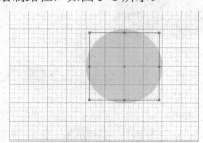

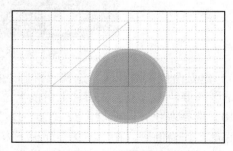

图 5-5　绘制同心圆　　　　　　　　　　图 5-6　绘制路径

6）将路径转化成选区（按〈Ctrl+Enter〉组合键），在"图层"面板下方单击"添加图层蒙版"按钮 ，建立剪切蒙版，如图 5-7 所示。

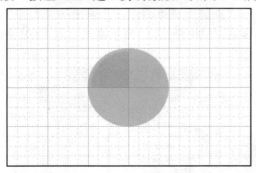

图 5-7　添加图层蒙版后的效果

7）复制小的正圆图层（按〈Ctrl+J〉组合键），按同样方法用钢笔工具绘制路径，将路径转化成选区，在"图层"面板下方单击"添加图层蒙版"按钮 ，建立剪切蒙版，如图 5-8 所示。

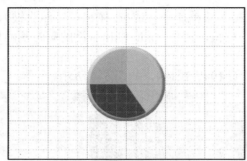

图 5-8　添加图层蒙版后的效果

8）为刚才绘制的图形填充白色，将图层放到最上层，调整透明度为 54%，如图 5-9 所示。

图 5-9　白色正圆透明度调整

9）建立白色正圆选区，选择"椭圆选框工具"，选择"与选区交叉"命令 ▣，保留相交的选区部分，形成覆盖在图片上白色半透明效果，如图 5-10 所示。

10）选择灰色正圆图层，按〈Ctrl+J〉组合键，复制图层，用"移动工具"将其移到图标的底部，作为倒影，在"图层"面板下方单击 "添加图层蒙版"按钮 ▣，建立渐变蒙版效果；选择灰色正圆图层，设置浮雕样式，设置参数如图 5-11 所示。

96

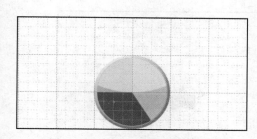

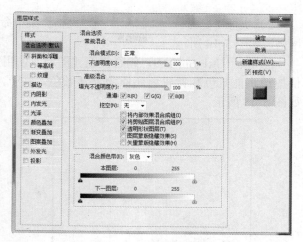

图 5-10　调整白色正圆的透明度　　　　　　图 5-11　设置倒影图层样式

11）执行"文件"→"存储为"菜单命令，打开"存储为"对话框，将文件保存为 A501.jpg。

案例 2　小太阳网页图标设计

【案例效果】第 5 章\502.jpg，如图 5-12 所示。

【主要知识点】

- 使用新建命令、打开网格命令〈Ctrl+'〉。
- 绘制椭圆技巧，按住〈Alt+Shift〉键从网格中心往外绘制正圆。
- 自由变化命令、填充颜色。
- 使用与选区交叉。

【操作过程】

1）启动 Photoshop 软件，执行"文件"→"新建"菜单命令，在弹出的"新建"对话框中设置"名称"为 A502，画布尺寸为 500 像素×500 像素，"颜色模式"为 RGB 颜色，其他选项保留默认值，如图 5-13 所示。

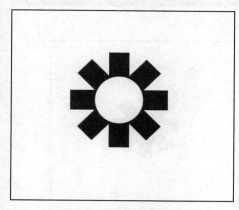

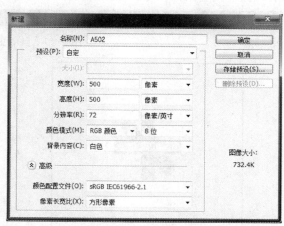

图 5-12　案例效果　　　　　　　　　　　图 5-13　"新建"对话框

2）执行"视图"→"显示"→"网格"菜单命令（或按〈Ctrl+'〉组合键），在画布上显示网格，如图 5-14 所示。

3）按〈Ctrl+Shift+N〉组合键新建图层，使用矩形工具在网格内绘制矩形图形，按〈D〉快捷键将前景色和背景色还原为默认颜色，按〈Alt+Delete〉组合键为矩形填充黑色。效果如图 5-15 所示。

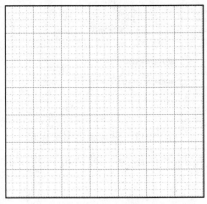

图 5-14　显示网格

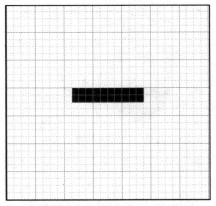

图 5-15　填充黑色的矩形

4）按〈Ctrl+J〉组合键复制当前图层，按〈Ctrl+T〉组合键自由变换图形，单击右键并在弹出的快捷菜单中选择"旋转 90 度（顺时针）"命令，效果如图 5-16 所示。

5）按〈Ctrl+J〉组合键复制当前图层，按〈Ctrl+T〉组合键自由变换图形，在当前选项栏中设置"旋转"为45 度，如图 5-17 所示。效果如图 5-18 所示。

6）再次复制图层并旋转，效果如图 5-19 所示。当前图层结构如图 5-20 所示。多次按〈Ctrl+E〉组合键合并图层，当前图层结构如图 5-21 所示。

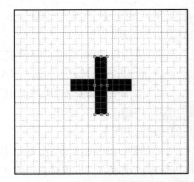

图 5-16　复制旋转后的图形效果

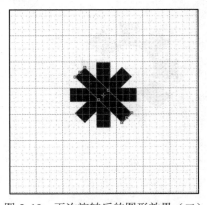

图 5-17　自由变换选项栏

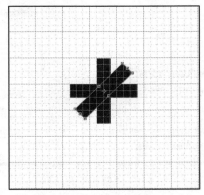

图 5-18　再次旋转后的图形效果（一）

图 5-19　再次旋转后的图形效果（二）

图 5-20　图层结构

图 5-21　合并后的图层结构

7）使用椭圆选框工具并按住〈Alt+Shift〉组合键从中间绘制正圆形选区，如图 5-22 所示。在当前图层状态下，按〈Delete〉键减去当前选区内图形，如图 5-23 所示。最终效果如图 5-12 所示。

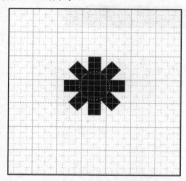
图 5-22　绘制正圆选区

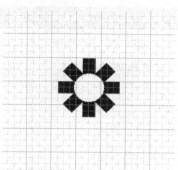
图 5-23　减去圆形的效果

8）执行"文件"→"存储为"菜单命令，弹出"存储为"对话框，将文件保存为A502.jpg。

案例3　文具网页图标设计

【案例效果】第 5 章\A503.jpg，如图 5-24 所示。

【主要知识点】

📑 使用将路径转换成选区命令。

📑 使用自由变换命令。

📑 使用合并图层命令。

【操作过程】

1）启动 Photoshop 软件，执行"文件"→"新建"菜单命令，在弹出的"新建"对话框中设置"名称"为

图 5-24　文具图标完成效果图

A503，画布尺寸为 500 像素×500 像素，"颜色模式"为 RGB 颜色，其他选项保留默认值，如图 5-25 所示。

2）执行"视图"→"显示"→"网格"菜单命令（或按〈Ctrl+'〉组合键），在画布上显示网格，如图 5-26 所示。

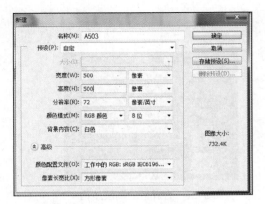

图 5-25 "新建"对话框

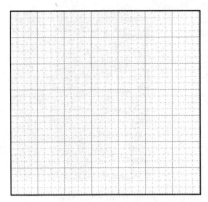

图 5-26 显示网格

3）在工具箱中单击"圆角矩形工具"按钮 ，在选项栏中设置"选择工作模式"为"路径"，"半径"为 30 像素，如图 5-27 所示。在工作区中绘制圆角矩形路径，如图 5-28 所示。

图 5-27 圆角矩形工具选项栏

4）按〈Ctrl+Enter〉组合键将路径转化成选区，如图 5-29 所示。

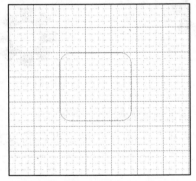

图 5-28 绘制圆角矩形路径

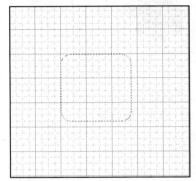

图 5-29 将路径转换成选区

5）单击前景色块，弹出"拾色器"对话框，设置蓝色色值为 R:24、G:68、B:180，填充选区，如图 5-30 所示。因为是网页图标非印刷用途，出现溢色警告也没有关系。填充后图形效果如图 5-31 所示。

图 5-30 "拾色器"对话框

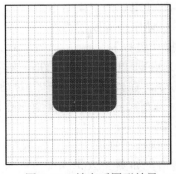

图 5-31 填充后图形效果

6）按〈Ctrl+D〉组合键取消选区。

7）按〈Ctrl+Shift+N〉组合键新建图层，使用矩形工具绘制矩形，填充白色，如图 5-32 所示。

8）使用圆角矩形工具在白色矩形上半部分绘制一个小矩形，如图 5-33 所示。

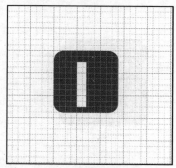

图 5-32　绘制白色矩形

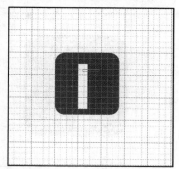

图 5-33　绘制一个小圆角矩形

9）按〈Ctrl+Enter〉快捷键将路径转化成选区。执行"选择"→"存储选区"菜单命令，在弹出的"存储选区"对话框中设置"名称"为"圆角矩形"，单击"确定"按钮，如图 5-34 所示。

10）选择白色矩形图层，在选区状态下，按〈Delete〉键，删除选区内图形。再次绘制一个小的圆角矩形，如图 5-35 所示。

图 5-34　"存储选区"对话框

图 5-35　再次绘制圆角矩形

11）按〈Ctrl+Enter〉组合键，将路径转化成选区。按照前面同样的方法删除选区内图形，如图 5-36 所示。

12）执行"选择"→"载入选区"菜单命令，在弹出的"载入选区"对话框中设置"通道"为"圆角矩形"，单击"确定"按钮，如图 5-37 所示。

图 5-36　删除选区后的效果

图 5-37　"载入选区"对话框

13）载入选区后，工作区中会出现选区，按键盘中的向下箭头键，将载入的选区移动到与前面绘制的图形对称的位置。在选区状态下，按〈Delete〉键，删除选区内的小矩形。使用同样的方法继续删除小矩形，效果如图5-38所示。

14）按〈Ctrl+T〉组合键自由变换图形，逆时针旋转45度，效果如图5-39所示。

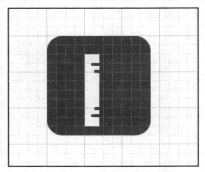

图5-38 删除小矩形后的效果

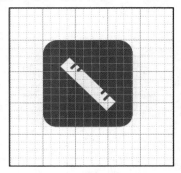

图5-39 旋转后的图形效果

15）按〈Ctrl+Shift+N〉组合键新建图层，使用矩形工具绘制矩形，填充白色，如图5-40所示。

16）再次执行"视图"→"显示"→"网格"菜单命令，取消勾选"网格"。使用钢笔工具在刚才绘制的白色矩形下端围绕三角形绘制一个封闭的路径，如图5-41所示。

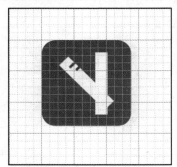

图5-40 绘制白色矩形

图5-41 使用钢笔工具绘制路径

17）按〈Ctrl+Enter〉组合键将路径转化成选区，如图5-42所示。

18）在第二个白色矩形图层下按〈Delete〉键，删除选区内图形。使用矩形选框工具在第二个白色矩形上端绘制选区，如图5-43所示。

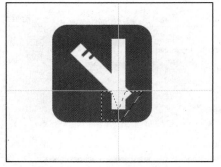

图5-42 路径转化成选区

图5-43 绘制矩形选区

19）使用同样的方法在下端继续删除选区内图形，形成一个白色铅笔图形。按〈Ctrl+T〉组合键对白色铅笔图形进行自由变换，顺时针旋转 45 度，效果如图 5-44 所示。

20）按〈Ctrl+Shift+N〉组合键新建图层，使用矩形工具绘制一个竖长条，填充白色。按〈Ctrl+T〉组合键对其进行自由变换，逆时针旋转 45 度。效果如图 5-45 所示。

图 5-44　旋转白色铅笔图形

图 5-45　绘制长条矩形

21）合并铅笔和尺子图形图层。在尺子图形图层下按〈Ctrl+E〉组合键向下合并图层。选择刚才绘制的白色长条矩形图层，按住〈Ctrl〉键的同时单击该图层缩略图，提取选区。效果如图 5-46 所示。

22）按〈Delete〉键删除选区内图形。效果如图 5-47 所示。

图 5-46　提取选区

图 5-47　删除长条矩形选区

23）选择蓝色圆角矩形图层，执行"编辑"→"描边"菜单命令，弹出"描边"对话框，设置"颜色"为黑色，"宽度"为 1 像素，"位置"为"居外"，其他选项保留默认值，如图 5-48 所示。描边后的效果如图 5-49 所示。

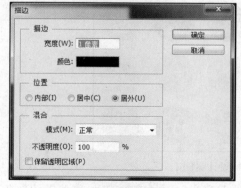

图 5-48　"描边"对话框

图 5-49　描边后的效果

24）单击"图层"面板下方的"添加图层样式"下拉按钮 fx,，选择"斜面和浮雕"命令，弹出"图层样式"对话框。在"结构"选项组中设置"样式"为"内斜面"，"方法"为"平滑"，"深度"为 100%，"方向"为上，"大小"为 7 像素，"软化"为 0 像素；在"阴影"选项组中设置"角度"为 138 度，勾选"使用全局光"，"高度"为 11 度，其他选项保留默认值，如图 5-50 所示。最终效果如图 5-24 所示。

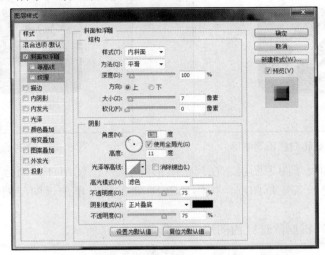

图 5-50　斜面和浮雕具体参数设置

25）执行"文件"→"存储为"菜单命令，弹出"存储为"对话框，将文件保存为A503.jpg。

下面给出两组网页图标设计案例，供大家研究与学习。

如图 5-51 所示的网页图标设计成熟、简洁，颜色搭配和谐，通过圆形的外轮廓统一了风格。

图 5-51　网页图标设计案例 1

如图 5-52 所示的网页图标使用统一的条纹背景设计，应用高级灰和少量的红色相搭

104

配，使红色在视觉上具有跳跃感，更能吸引人们的目光。

图 5-52 网页图标设计案例 2

5.3 创意网页图标

设计出富有创意的网页图标能大大提高网站的设计感。例如，可通过创意网页图标清晰地展示网站结构，如图 5-53 所示。

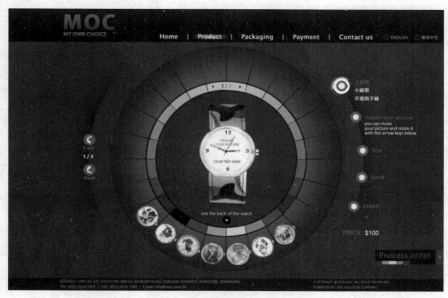

图 5-53 创意网页图标设计示例

✍ 案例　滑动按钮网页图标设计

【案例效果】第 5 章\504.jpg，如图 5-54 所示。

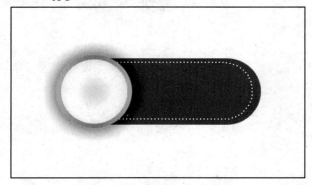

图 5-54　案例效果

【主要知识点】

✍ 使用将路径转化成选区命令。

✍ 使用路径描边命令。

✍ 填充线性渐变和径向渐变颜色。

【操作过程】

1）启动 Photoshop 软件，执行"文件"→"新建"菜单命令，在弹出的"新建"对话框中设置"名称"为 A504，画布尺寸为 500 像素×300 像素，"分辨率"为 72 像素/英寸，"颜色模式"为 RGB 颜色，其他选项保留默认值，如图 5-55 所示。

2）执行"图层"→"新建"→"图层"菜单命令（或按〈Ctrl+Shift+N〉组合键），弹出"新建图层"对话框，单击"确定"按钮，如图 5-56 所示。

图 5-55　"新建"对话框

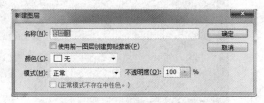

图 5-56　新建图层

3）单击工具箱中的"圆角矩形工具"按钮 ，在工作区中绘制圆角矩形，在选项栏中选择 路径，设置"半径"为 80px，如图 5-57 所示。

图 5-57　设置选项栏具体参数

4）在工作区中绘制圆角矩形，如图 5-58 所示。

5）将圆角矩形路径转化成选区（按〈Ctrl+Enter〉组合键），为填充做准备，如图 5-59 所示。

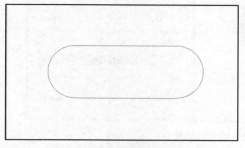

图 5-58　绘制圆角矩形

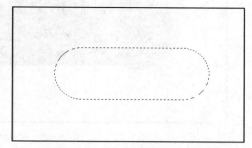

图 5-59　将圆角矩形路径转换成选区

6）单击"油漆桶工具"按钮或按〈G〉快捷键，弹出"拾色器"对话框，设置色值为 R:194、G:30、B:79，单击"确定"按钮，如图 5-60 所示。填充圆角矩形选区，效果如图 5-61 所示。

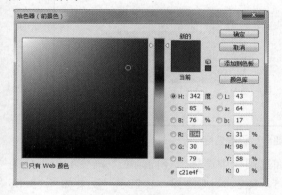

图 5-60　"拾色器"对话框

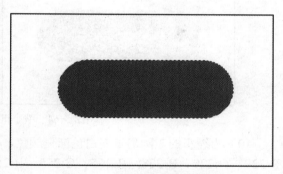

图 5-61　填充圆角矩形后效果

7）单击"椭圆选框工具"按钮，在新建的图层上绘制正圆形，效果如图 5-62 所示。

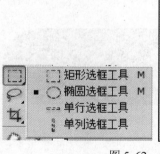
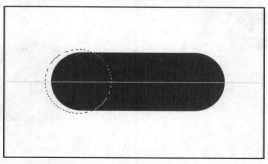

图 5-62　使用椭圆选框工具绘制正圆形

8）单击"渐变工具"按钮，在正圆形的选区上填充渐变颜色，在选项栏中选择"线性渐变"，渐变颜色色值为 R:241、G:190、B:84，R:228、G:122、B:72，R:238、G:185、B:97，如图 5-63 所示。

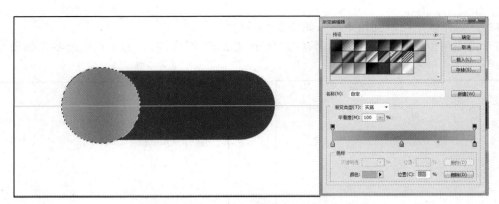

图 5-63　使用渐变颜色填充后效果

9）复制正圆形所在图层（按〈Ctrl+J〉组合键），然后进行自由变换（按〈Ctrl+T〉组合键），等比例缩小正圆形，按住〈Ctrl〉键的同时单击当前图层，提取选区。效果如图 5-64 所示。

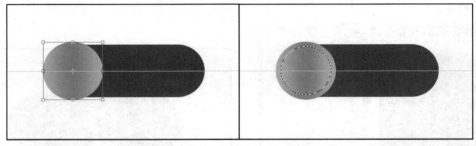

图 5-64　缩小正圆形后提取选区

10）为缩小的正圆形填充白色渐变颜色，在选项栏中选择"径向渐变"渐变颜色色值为 R:229、G:229、B:228，R:255、G:255、B:255，R:229、G:229、B:228。效果如图 5-65 所示。

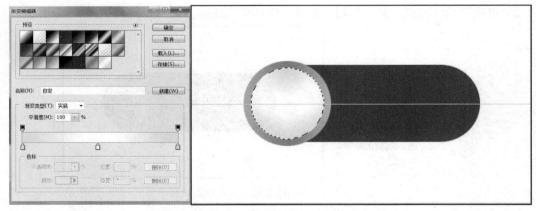

图 5-65　为小的正圆形填充白色渐变颜色

11）选择底下较大的正圆形图层，单击"图层"面板下端的"添加图层样式"下拉按钮 *fx.*，选择"外发光"命令，弹出"图层样式"对话框，在"结构"选项组中设置"混合模式"为"线性光"，"不透明度"为 30%，"杂色"为 0%，"颜色"为黑色；在"图素"选项组中设置"方法"为"柔和","扩展"为 8%,"大小"为 29 像素;在"品质"选项组中设置"范围"为 42%,"抖动"为 0%,如图 5-66 所示。当前图层结构如图 5-67 所示。

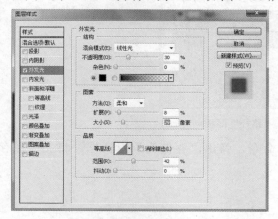

图 5-66　设置外发光效果

图 5-67　图层结构

12)新建图层,使用圆角矩形工具绘制圆角矩形路径,如图 5-68 所示。

13)在工具箱中单击"画笔工具"按钮,选择"铅笔工具"(见图 5-69),在选项栏中单击"切换画笔面板"按钮,打开"画笔"面板,如图 5-70 所示。在"画笔"面板左侧选择"画笔笔尖形状",在右侧设置"直径"为 2px,"间距"为 298%,如图 5-71 所示。

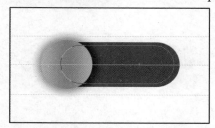

图 5-68　绘制圆角矩形路径

图 5-69　选择"铅笔工具"

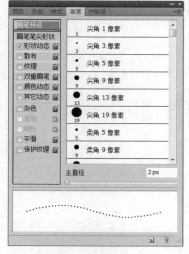

图 5-70　"画笔"面板

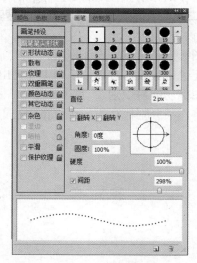

图 5-71　设置画笔笔尖形状

109

14）设置前景色为白色，色值为 R:255、G:255、B255，打开"路径"面板，单击"用画笔描边路径"按钮 ，如图 5-72 所示。最终效果如图 5-54 所示。

图 5-72 "路径"面板

15）执行"文件"→"存储为"菜单命令，弹出"存储为"对话框，将文件保存为 A504.jpg。

5.4 本章小结

本章讲解了网页图标的概念、网页图标设计规范、网页图标设计的方法和技巧等相关知识。通过 4 个网页图标设计案例，让读者不仅了解网页图标的设计思路，同时掌握软件的操作知识。想要设计出更多精美的网页图标，需要不断练习，多观察、多思考。

课后实训项目

项目一名称：向左按钮的图标设计

项目设计要求：

1）图标形式简洁、设计规范。

2）配色方案设计合理，色彩上能突出重点。

3）图标功能易识别。

4）将作品分别保存为.psd 和.jpg 格式文件，以备随时修改。

项目二名称：使用放大镜元素完成搜索图标设计

项目设计要求：

1）图标形式简洁、设计规范。

2）配色方案设计合理，色彩上能突出重点。

3）图标功能易识别。

4）将作品分别保存为.psd 和.jpg 格式文件，以备随时修改。

第6章　网页标志设计

LOGO 设计，即标志设计，是一种图形艺术设计。它与其他图形艺术表现手段既有相同之处，又有自己的艺术规律。标志设计对简练、概括的要求十分苛刻，其难度比其他图形艺术设计要大。

网页标志设计是网页设计的重要部分。通过网页标志设计有利于提升品牌的价值，使用户能够更好地认识和理解本网站的核心理念。本章在帮助读者熟练掌握 Photoshop 软件操作的同时，还可以让读者通过学习标志设计提升创意设计的水平。

【本章要点】
◀» 了解标志设计的含义。
◀» 掌握标志设计的作用及类型。
◀» 掌握使用 Photoshop 软件设计标志的技巧。
◀» 掌握创意设计相关理念在标志设计中的运用。

6.1　标志设计简介

标志是品牌形象的核心部分，是表明事物特征的识别符号。它以精练、显著、易识别的图形或文字符号为表达载体。

6.1.1　标志设计的含义

标志是现代经济的产物，它不同于古代的印记，现代标志属于企业的无形资产，是企业综合信息传递的媒介。标志作为企业形象设计（Corporate Identity System，CIS）战略的重要组成部分，在企业形象宣传中，是应用最广泛、出现频率最高，同时也是最关键的元素。

6.1.2　标志设计的作用及类型

标志设计是将具体的事物、事件、场景和抽象的精神、理念、目标等用特殊的图形概括出来，使人们在看到标志的同时，自然地产生对上述内容的联想。企业标志是企业广告宣传、文化建设、对外交流必不可少的元素，它随着企业的成长，其价值也不断增长。企业标志设计的作用主要有以下几个。

1）借助于标志的帮助，可以统一企业的品牌形象。

2）标志是企业的无形资产，会随企业的发展而增值。

3）标志是企业的名片，一个设计优秀的标志能让人对该企业印象深刻。

标志主要分为商标、徽标和公共标识三大类型。

1. 商标

商标是企业的无形资产，是企业形象、商品质量和信誉的标志。商标的设计要求如下。

1）传达信息，表现产品特点。

2）独特性，在视觉上吸引人，有利于产品的推广和宣传。

3）识别性，从形象上与同类产品相区别。

4）易懂、易记、易复制。

如图 6-1～图 6-4 所示为不同类型企业品牌的商标示例。

图 6-1　服装服饰企业品牌商标

图 6-2　调味品企业品牌商标

图 6-3　化妆品企业品牌商标

图 6-4　工程建筑企业品牌商标

2. 徽标

徽标是用符号、图形来体现团体的特征、文化内涵等的标志，如社团徽标、协会徽标、活动徽标等。徽标的设计特点包括象征性、识别性、易复制性。

如图 6-5～图 6-8 所示为协会、活动等的徽标示例。

图 6-5　中国勘察设计协会徽标

图 6-6　2010 年上海世博会徽标

图 6-7　2008 年奥林匹克科学大会徽标

图 6-8　中国神农架第三届高山杜鹃花节徽标

3. 公共标识

公共标识是指用于公共场所、交通、建筑、环境中的指示系统符号。它是人类文明与现代化城市建设和发展的象征。其特点是在公共场所运用标志形象，加以规范化表现，让大众识别并起引导作用，从而提高信息服务的功能。

公共场所的标志、交通标志、安全标志、操作标志等，对于指导人们进行有秩序的活动、确保生命财产安全，具有直观、有效的引导作用。

6.2 标志的设计形式

标志设计的表现手段极其丰富，且不断发展创新。下面介绍几种常见的标志设计形式。

1. 运用表象手法的设计形式

采用与标志对象直接关联且具典型特征的形象作为标志。这种手法直接、明确、一目了然，易于迅速理解和记忆。例如，出版业采用书的形象作为标志，铁路运输业采用火车头的形象作为标志，银行业采用钱币的形象作为标志等，如图 6-9～图 6-12 所示。

图 6-9　汽车销售商城标志

图 6-10　图书商城标志

图 6-11　铁路标志

图 6-12　工商银行标志

2. 运用象征手法的设计形式

这是在设计标志时采用与标志内容有某种联系的图形、文字、符号、色彩等，以象征标志对象的抽象内涵。例如，用挺拔的幼苗象征少年儿童的茁壮成长，用鸽子象征和平，用雄狮、雄鹰象征英勇，用松、鹤象征长寿，用白色象征纯洁，用绿色象征生命等。

案例分析：BriskBVW 软件系统标志设计

1）客户背景

BriskBVW 软件是神州数码公司推出的一款全新 IT 运维软件。它给企业带来一种新的信息系统的运行管理观念和手段。

2）设计理念

标志的整体意向为飞动的蝴蝶，同时又似游动的热带鱼，这两个具有较强亲和力的形象表现了 Brisk 系列软件轻松易用的特点。标志中有 3 条直线形成了锋利的角的形态,增强了标志的速度感和动感,给人以敏锐、迅速的视觉感受,表现了 Brisk 系列软件在使用过程中或解决问题时迅速、敏锐的特性。标志有较强的识别性,在使用过程中易于识别和认知。标志整体统一、大气简洁,有较强的科技感,行业属性描述准确,用最简练的图形语言说明了最实质的问题——Brisk 系列软件轻松、易用、敏锐、专业。其标志及衍生品设计如图 6-13和图 6-14 所示。

图 6-13   BriskBVW 软件标志

图 6-14   包装盒设计

资料来源:视觉同盟.

案例分析:中航旅业标志设计

1)客户背景

中国航空集团旅业有限公司(简称"中航旅业")是中国航空集团公司旗下的一家以经营酒店、旅行社、预订中心和物业管理为重点的综合型旅游集团,总资产近 30 亿元人民币。作为中国航空集团公司的全资子公司,中航集团雄厚的实力为中航旅业的发展在政策、资金、航空、网络、市场、品牌等方面提供强有力支持。中航旅业所属及管理的企业共 38家,其中全资、控股及参股的企业(包括股权)共 26 家,划分为酒店、物业管理、网络预订、旅行社四大主营业务板块。

2)设计理念

作为中国航空集团控股的子公司,其品牌形象要符合中国航空业龙头的大将之气,又要体现旅游服务业的特点,传统元素与现代设计手法的巧妙融合是本标志的特色。中国古代云文的造型元素线条流畅、优美、庄重,与中航的凤凰形象有很好的继承关系,对企业的集团化发展具有维护与推动作用。内嵌的元素有航空线路的畅通、快捷、安全之意,是中航旅业的现代化管理与服务视觉化的展现。其标志及衍生品设计如图 6-15 和图 6-16 所示。

图 6-15   中航旅业标志

图 6-16   相关洗漱用品设计

3. 用文字表现的设计形式

文字表现是将标志形象与文字组合成一个整体的设计形式。

（1）汉字类型标志

汉字造字分表形、表意到形声，因此单个汉字在信息量、意义的丰富性和明确性方面显然超过了表音的拉丁字母。汉字作为标志的基本造型，常常是设计者探索标志设计民族化的途径之一。

汉字类型标志设计案例如图 6-17 和图 6-18 所示。

图 6-17　稻香村标志　　　　　　图 6-18　农开谷物有限公司标志

（2）字母类型标志

拉丁字母具有几何化的造型特征，标志设计者经常以拉丁字母作为构思的基础。拉丁字母造型标志一般分为单字母和连字母两种形式。拉丁字母作为相对通用的文字，具有方便沟通的优势，在设计上又有言简意赅、形态变化多样的优势。因此，用拉丁字母设计的标志已成为标志群中巨大的生力军，并始终占据着主导的地位，不断影响着标志设计的走向和发展趋势。

案例分析：厦门华电开关有限公司标志设计

1）客户背景

厦门华电开关有限公司系中德合资是专业生产中压开关、断路器、负荷开关及相关元器件的制造商、供应商，并集研发、设计、生产、销售于一体，精心打造具有自主知识产权的华人电工品牌——Huadian。

2）设计理念

本创意采用深蓝色和浅蓝色作为标志主体颜色，体现厦门华电开关有限公司的科技性和严谨性。标志采用英文的图形化体现公司的国际性，其中字母 a、t 采用图形元素的共用，体现世界尖端科技之间的沟通意识。其标志及衍生品设计如图 6-19、图 6-20 所示。

图 6-19　厦门华电开关有限公司标志　　　　图 6-20　相关服饰设计

资料来源：视觉同盟.

案例分析：巨人学校标志设计

1）客户背景

巨人学校成立于 1994 年 7 月 18 日，发展至今已成为覆盖幼儿、青少年、成人教育领域的综合型教育集团。

2）设计理念

本标志设计用稳重大气的英文字母作为主要识别元素，简洁、国际化、便于沟通与记忆，是当前标志设计的趋势。字母的设计厚重有力量感，视觉上有一种均衡的美感，给人以充分的信任感，符合教育行业的特殊属性。字母的细节经过细微的调整，使字体大气又不失柔和，让人亲近，符合教育"以人为本"的理念。整个标志用深蓝色为标准色，体现包容与博大的风范。其标志及衍生品设计如图 6-21 和图 6-22 所示。

图 6-21　巨人学校标志

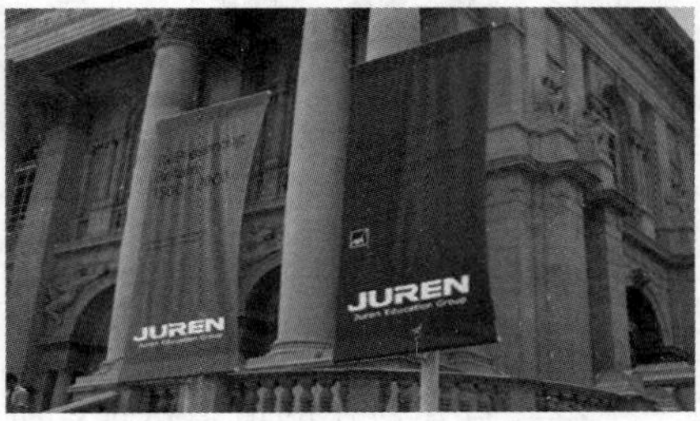

图 6-22　旗帜设计

资料来源：视觉同盟.

案例分析：天合文化有限公司标志设计

1）客户背景

北京天合文化有限公司成立于 2007 年 8 月，致力于促进中国文化繁荣发展，不断推动中国知识产权保护进程，推动中国娱乐行业良性有序发展。

2）设计理念

公司秉承"奉献、责任、创新、合作"的价值观，积极为娱乐行业提供更优质的服务，创造更大的价值，同时，完成一部分政府和行业组织委托的工作。SKYCOM 来自 Sky Communication 的简写，标志以 SC 为设计元素，代表天合文化，字体简洁、大气、稳重，具有国际化，易识别，同时又营造了良好的亲和力。丰富的色彩象征着此标志的动感和明快，也表现了公司经营的多元化。图形简洁大气，体现行业的多元性，符合传媒业的气质。其标志及衍生品设计如图 6-23 和图 6-24 所示。

图 6-23　天合文化有限公司标志

图 6-24　相关服饰设计

资料来源：视觉同盟.

3）数字类型标志

以数字作为标志造型的基础时，至少有三点应引起设计者重视：一是独特性，目前使用数字作为标志的情况并不普遍，稀少也是种独特性的体现；二是记忆的深刻性，这是建立在独特性基础上的，在现代社会里人们普遍对数字有一种天生的敏感性；三是造型新颖性，与文字等形态相比，数字显得极为简洁，便于识别，便于形态的变化。

数字标志设计案例如图 6-25 和图 6-26 所示。

图 6-25 柒零年代酒吧标志　　　　　　　　图 6-26 360 口腔清洁标志

6.3 标志设计的艺术手法

关于标志设计很重要的一点是进行创意构思，但是仅有创意是不够的，应根据设计内容选用最恰当的艺术手法去表现。

1. 肌理

肌理是利用物体的自然形态和纹理，通过设计者的眼光去合理表现，增加图形感。在视觉上产生一种特殊效果。标志设计中使用的主要是视觉肌理，在运用中也涉及触觉肌理。

视觉肌理是由物体表面的组织构造所引起视觉质感的肌理，材料表面没有凸凹，不靠触觉直接接触，主要靠视觉感受，通过视觉可以诱发出以往的视觉经验（一般称为二次肌理）。这种标志效果能让人产生深刻的印象。

2. 叠透

叠透能使标志图形产生三度空间感，通过叠透处理产生实形和虚形，增加了标志的内涵和意念，图形的巧妙组合与表现，使单调形象丰富。叠透具有透明、纯洁、清晰、单薄的视觉效果。叠透手法的关键是未叠图形和已叠图形在选择和组合上能产生一定含义，产生新颖、巧妙的视觉美感。

3. 共用线型

共用线型的特点是共有、互助，你中有我、我中有你，互相依存。

4. 折

折能产生厚度、叠加、连带、节奏感。折的运用能体现实力、组合、发展和方向的内涵。折所表现的意念相当明确、语言简练、图形清晰生动。

5. 转

转具有揭示人类发展轨迹的图形模式。旋转图体现圆满、团圆、平等、和谐，具有中心基点的辐射张力，并能不断创造丰富多彩的图形语言。

6. 影形

影形是通过巧妙构思将两种形象有机组合于图形之中,首先看到实形,然后会发现虚形。通过一显一隐,让人们发现两种图形同时存在的现象,以相互依存为内涵,寓意更加深刻、含蓄。

7. 交叉

在时间和空间上交叉产生了数不清的视觉层次,它丰富了我们的大千世界。交叉能产生特殊的结构和复杂的关系,产生神秘感和秩序感。

8. 体转换

体转换是从一种形态自然过渡到另一种形态,二者会产生一种新的形象,使人感到变化丰富,增加视觉冲击力。

9. 分离

分离是一种自然规律,通过割裂、挤压、错位、特异等变化把完整的形象打破,构成全新的形象,引起人们的注意。

10. 积集

有些标志靠一种形态进行视觉冲击,而积集靠某种形态的重复获得吸引力。其手法有方向、位置、正反、集散等变化,增强视觉冲击。

11. 错觉利用

利用人眼差产生的错觉,按正常规律和定理来看待它们没有道理,但因为错觉而又感到很合理,这种手法给人感觉独特、新颖。

6.4 简易标志设计

6.4.1 设计图形标志

相比于抽象的标志设计,图形标志的设计对图形和排版的要求非常讲究。大多数知名品牌都采用图形标志设计,通过排版来进行视觉传达。

对于图形标志的设计有 5 条建议。

1)仔细选取图形。

2)通过调整和修改增加个性。

3)考虑完全自定义的图形。

4)寻找图形组合中的机巧。

案例 1 圆环形标志设计

【案例效果】第 6 章\A601.jpg,如图 6-27 所示。

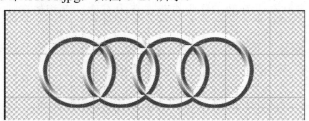

图 6-27 案例效果

【主要知识点】

☞ 通过设置图层样式制作标志的立体效果。

【操作过程】

1）执行"文件"→"新建"菜单命令，弹出"新建"对话框，设置"名称"为 A601，画布尺寸为 480 像素×180 像素，"背景内容"为"透明"，单击"确定"按钮，如图 6-28 所示。

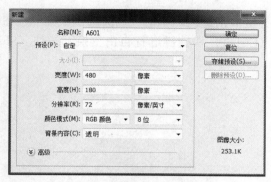

图 6-28　"新建"对话框

2）执行"视图"→"显示"→"网格"菜单命令，在工作区中显示出网格，如图 6-29 所示。

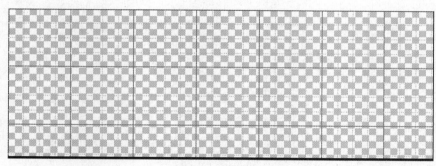

图 6-29　显示网格

3）单击"椭圆选框工具"按钮，按住〈Shift〉键的同时拖动绘制正圆形，如图 6-30 所示。

4）将前景色设置为白色，背景色设置为黑色，如图 6-31 所示。

图 6-30　绘制正圆形

图 6-31　调整背景色

5）按〈Alt+Delete〉组合键，为正圆形选区填充白色，如图 6-32 所示。

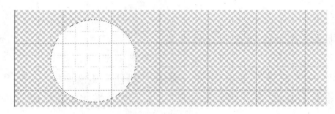

图 6-32　填充白色

6）按〈Ctrl+D〉快捷键取消选区。单击"椭圆选框工具"按钮，按住〈Shift〉键的同时拖动绘制正圆形，按〈Ctrl+T〉快捷键进行自由变换，按住〈Shift〉键的同时缩小正圆形，如图 6-33 所示。

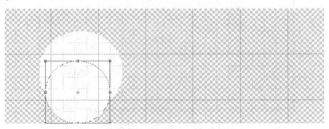

图 6-33　绘制正圆形

7）将两个圆形放在一起形成同心圆，并且删除选区中的小圆形，如图 6-34 和图 6-35 所示。

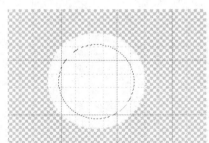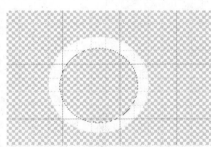

图 6-34　绘制同心圆　　　　　　　　　　　　　　图 6-35　删除小圆形

8）双击圆环所在图层，弹出"图层样式"对话框，参数设置如图 6-36 所示。

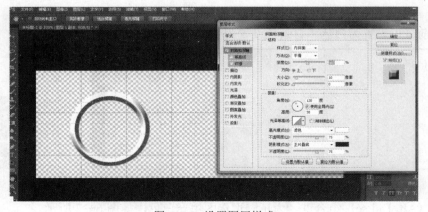

图 6-36　设置图层样式

9）按〈Ctrl+J〉组合键复制图层，再复制 3 个圆环，如图 6-37 所示。

图 6-37　复制后的效果

10）调整 4 个图层前后顺序，形成圆环一个压一个的效果。将 4 个图层进行栅格化处理，如图 6-38 和图 6-39 所示。

图 6-38　调整图层顺序　　　　　　　　　　　图 6-39　调整后效果

11）单击工具箱中的"矩形选框工具"按钮，删除多余部分，如图 6-40 所示。

图 6-40　删除多余部分

12）执行"文件"→"存储为"菜单命令，弹出"存储为"对话框，将文件保存为 A601.jpg。

📽 案例 2　W 形标志设计

【案例效果】第 6 章\A602.jpg，如图 6-41 所示。

【主要知识点】

☞ 对文字进行栅格化以便于后期调整。

【操作过程】

1）执行"文件"→"新建"菜单命令，弹出"新建"对话框，设置"名称"为 A602，画布尺寸为 210mm×210mm，如图 6-42 所示。

图 6-41　案例效果　　　　　　　　　　　　图 6-42　"新建"对话框

2）单击工具箱中的"横排文字工具"按钮，输入字母 U，设置字体为 Arial Rounded MT Bold，字号为 100 点，如图 6-43 和图 6-44 所示。之后对文字进行栅格化。

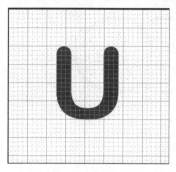

图 6-43　输入字母 U　　　　　　　　　　图 6-44　字体设置

3）单击"多边形套索工具"按钮，选取相应图形，如图 6-45 所示，按〈Delete〉键删除选区中内容。单击"矩形选框工具"按钮，生成一个矩形并填充灰色，如图 6-47 所示。

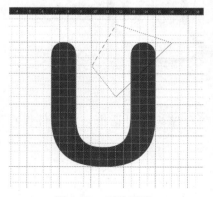

图 6-45　删除图形　　　　　　　　　　　图 6-46　绘制矩形

122

4）缩小并旋转矩形，将其移动至合适位置，并用矩形选框工具删除多余的部分，如图 6-47 所示。

5）使用钢笔工具绘制路径，将路径转化成选区并删除选区中的内容，如图 6-48 所示。

6）使用多边形套索工具选取 U 字母左上端图形并删除，再用钢笔工具新建路径，在删除处重新绘制图形，如图 6-49 所示。

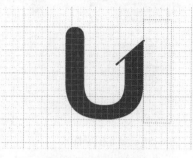 

图 6-47　编辑矩形　　　　　　图 6-48　删除选区　　　　　　图 6-49　调整图形

7）调整前景色，改变整体图形的颜色，色值设置如图 6-50 所示。填充效果如图 6-51 所示。

图 6-50　设置前景色 1　　　　　　　　　　图 6-51　填充效果 1

8）再次调整前景色，改变左上端图形的颜色，色值设置如图 6-52 所示。填充效果如图 6-53 所示。

图 6-52　设置前景色 2　　　　　　　　　　图 6-53　填充效果 2

9）按〈Ctrl+J〉组合键复制整个图层，将新图层中的黄色图形删除，调整两个图层的位置，如图 6-54 所示。

10）双击第一个图层，弹出"图层样式"对话框，参数设置如图 6-55 所示。最终效果如图 6-41 所示。

图 6-54　复制图形

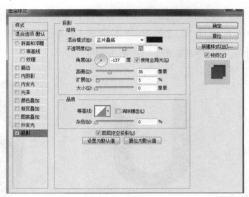

图 6-55　设置图层样式

11）执行"文件"→"存储为"菜单命令，弹出"存储为"对话框，将文件保存为 A602.jpg。

6.4.2　设计图文类标志

图文类标志起到对公司品牌的识别和推广作用。图文结合的标志设计能让用户更加清晰、直观地理解品牌内涵。

案例1　科技公司标志设计

【案例效果】第 6 章\A603.jpg，如图 6-56 所示。

图 6-56　案例效果

【主要知识点】

通过填充渐变色，使图形变得有立体感。

【操作过程】

1）执行"文件"→"新建"菜单命令，弹出"新建"对话框，设置"名称"为 A603，画布尺寸为 20cm×10cm，如图 6-57 所示。

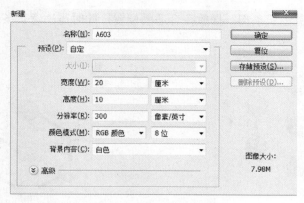

图 6-57 "新建"对话框

2）单击"椭圆选框工具"按钮，绘制一个正圆形，填充深绿色到白色的渐变，如图 6-58 所示。效果如图 6-59 所示。

图 6-58 渐变色

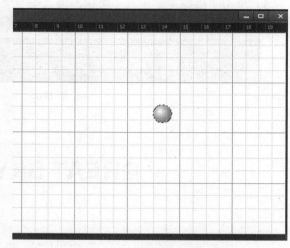

图 6-59 填充渐变色的效果

3）再复制 6 个正圆形并将正圆形摆放在合适的位置，如图 6-60 所示。使用矩形选框工具绘制一个长条形，设置前景色为蓝色，色值设置如图 6-61 所示。填充后效果如图 6-62 所示。

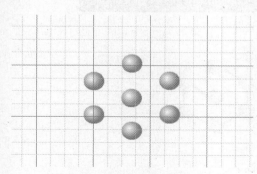

图 6-60 复制正圆形

图 6-61 设置前景色

4）再复制 5 个蓝色长条形，摆放在合适的位置，此时需注意长条形之间的对齐关系。效果如图 6-63 所示。

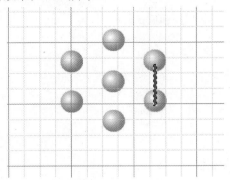

图 6-62　绘制长条矩形　　　　　　　　　　图 6-63　复制长条形

5）单击"横排文字工具"按钮，输入英文"GREAT SKY"，字体设置如图 6-64 所示。效果如图 6-65 所示。

图 6-64　字体设置

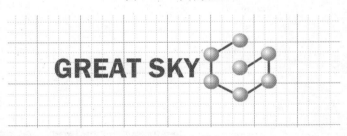

图 6-65　输入英文

6）使用横排文字工具输入汉字"宏天科技"，字体设置如图 6-66 所示。效果如图 6-67 所示。

图 6-66　字体设置

图 6-67　输入汉字

7）再次使用横排文字工具输入汉字"科技改变生活"，字体设置如图 6-68 所示。最终效果如图 6-56 所示。

图 6-68 字体设置

8）执行"文件"→"存储为"菜单命令，弹出"存储为"对话框，将文件保存为 A603.jpg。

案例 2 公共标识类标志设计

【案例效果】第 6 章\A604.jpg，如图 6-69 所示。

图 6-69 案例效果

【主要知识点】

利用钢笔工具绘制图形。

【操作过程】

1）执行"文件"→"新建"菜单命令，弹出"新建"对话框，设置"名称"为 A604，画布尺寸为 20cm×10cm，如图 6-70 所示。

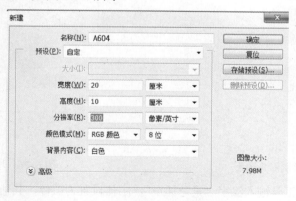

图 6-70 "新建"对话框

2）使用钢笔工具绘制人物图形，注意人物跑步动作表现，如图 6-71 所示。将路径转化成选区，如图 6-72 所示。

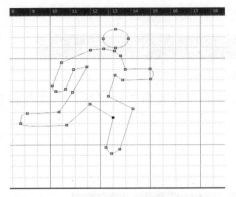

图 6-71　绘制人物图形

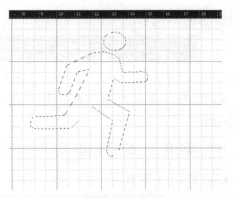

图 6-72　路径转换成选区

3）设置前景色，色值设置如图 6-73 所示。用前景色填充人物选区，随后取消选区，如图 6-74 所示。

图 6-73　"拾色器"对话框

图 6-74　填充人物图形

4）使用钢笔工具绘制箭头图形，如图 6-75 所示。将路径转化成选区，填充和人物图形相同的颜色，如图 6-76 所示。

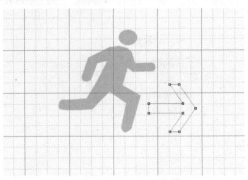

图 6-75　绘制箭头图形

图 6-76　填充箭头图形

5）使用横排文字工具输入汉字"紧急通道"，字体设置为黑体，其他选项设置如图 6-77 所示。再输入英文"EXIT Channel"，字体设置为 Britannic Bold，其他选项设置如图 6-78 所示。

图 6-77　中文字体选项设置

图 6-78　英文字体选项设置

6）最后将背景填充为黑色。最终效果如图 6-69 所示。

7）执行"文件"→"存储为"菜单命令，弹出"存储为"对话框，将文件保存为 A604.jpg。

案例3　文化公司标志设计

【案例效果】第 6 章\A605.jpg，如图 6-79 所示。

【主要知识点】

利用多边形套索工具和钢笔工具绘制图形。

【操作过程】

1）执行"文件"→"新建"菜单命令，弹出"新建"对话框，设置"名称"为 A605，画布尺寸为 20cm×10cm，如图 6-80 所示。

图 6-79　案例效果

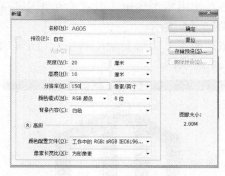

图 6-80　"新建"对话框

2）单击"多边形工具"按钮，在选项栏中设置"边"为 6（见图 6-81），在工作区中绘制六边形，将六边形转换成选区，前景色为蓝色，色值设置如图 6-82 所示。用前景色填充六边形选区，效果如图 6-83 所示。

图 6-81　多边形工具选项栏

图 6-82　颜色数据

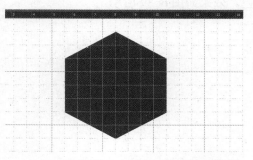

图 6-83　绘制出的六边形效果

3）复制六边形，按〈Ctrl+T〉组合键进行自由变换，按住〈Shift〉键的同时缩小六边形，并为其填充白色。效果如图 6-84 所示。

4）使用多边形套索工具在六边形左上侧边的下面绘制不规则图形，并且填充与步骤 2 相同的蓝色。效果如图 6-85 所示。

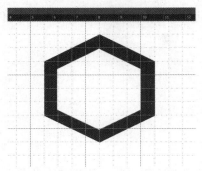

图 6-84　复制同心六边形

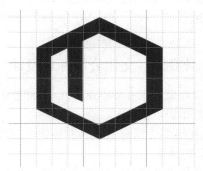

图 6-85　绘制不规则图形

5）使用矩形选框工具在六边形中略靠右的地方绘制一个长条形，填充相同的蓝色。效果如图 6-86 所示。

6）使用多边形套索工具在六边形右半部分绘制侧躺的图形，填充相同的蓝色。效果如图 6-87 所示。

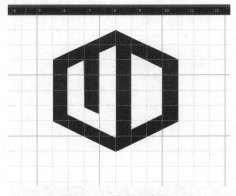

图 6-86　绘制长条形

图 6-87　绘制图形

7）使用钢笔工具绘制如图 6-88 所示的倒水滴形，并将此图形转化成选区，填充相同的蓝色。效果如图 6-89 所示。

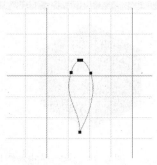

图 6-88　绘制倒水滴形

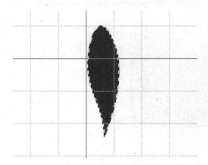

图 6-89　填充蓝色

8）将倒水滴形逆时针旋转 90 度，放置在六边形上端，注意仔细调整位置，使其与六边形无缝相接。效果如图 6-90 所示。

图 6-90　调整图形

9）使用横排文字工具输入汉字"墨客文化传媒有限公司"，字体设置为"方正华隶简体"，其他选项设置如图 6-91 所示。效果如图 6-92 所示。

图 6-91　中文字体选项设置

图 6-92　输入的汉字效果

10）使用横排文字工具输入英文"MOKE Culture Media Co.,Ltd"，字体设置为 Berlin Sans FB，字号设置为 14 点。最终效果如图 6-79 所示。

11）执行"文件"→"存储为"菜单命令，弹出"存储为"对话框，将文件保存为 A605.jpg。

6.5　创意标志设计

优秀的标志设计往往具有创意，视觉冲击力强，便于识别。下面给出两个创意标志案例，以便读者举一反三。

案例1　餐饮类创意标志设计

【案例效果】第 6 章\A606.jpg，如图 6-93 所示。

图 6-93　案例效果

【主要知识点】

☞ 利用多边形套索工具和椭圆选框工具绘制图形。

【操作过程】

1）执行"文件"→"新建"菜单命令，弹出"新建"对话框，设置"名称"为 A606，画布尺寸为 15cm×10cm，如图 6-94 所示。

2）将背景图层填充为黑色。新建图层，使用多边形套索工具绘制叉子造型，填充为白色。如图 6-95 所示。

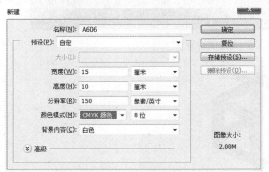

图 6-94　"新建"对话框

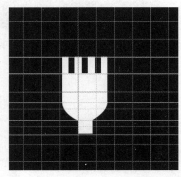

图 6-95　绘制叉子造型

3）新建图层，使用椭圆选框工具绘制正圆形。设置前景色为草绿色，色值设置如图 6-96 所示。用前景色填充正圆形，效果如图 6-97 所示。

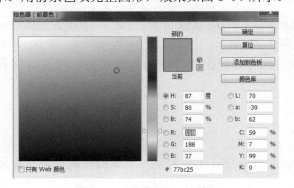

图 6-96　"拾色器"对话框

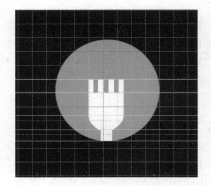

图 6-97　绘制正圆形效果

4）新建图层，使用椭圆选框工具绘制椭圆形。设置前景色为土黄色，色值设置如图 6-98 所示。用前景色填充椭圆形，效果如图 6-99 所示。

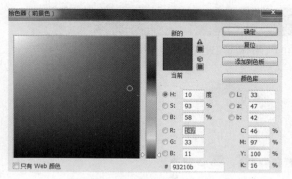

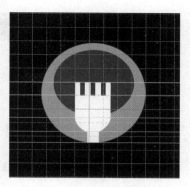

图 6-98 "拾色器"对话框   图 6-99 绘制椭圆形效果

5）为了让画面看起来更有视觉冲击力，将背景图层填充为白色。新建图层，使用椭圆选框工具绘制椭圆形。设置前景色为橘黄色，色值设置如图 6-100 所示。用前景色填充椭圆形，效果如图 6-101 所示。

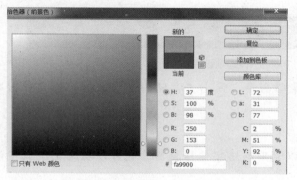

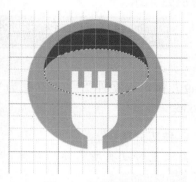

图 6-100 "拾色器"对话框   图 6-101 绘制椭圆形效果

6）使用横排文字工具输入英文"Mushroom Sou"，字体选项设置如图 6-102 所示。效果如图 6-103 所示。

图 6-102 字体选项设置

图 6-103 输入文字效果

7）使用横排文字工具输入字母"p"，字体选项设置如图 6-104 所示。效果如图 6-105 所示。

图 6-104　字体选项设置

图 6-105　输入文字效果

8）使用横排文字工具输入汉字"蘑菇汤饭"，字体选项设置如图 6-106 所示。最终效果如图 6-93 所示。

图 6-106　字体选项设置

9）执行"文件"→"存储为"菜单命令，弹出"存储为"对话框，将文件保存为 A606.jpg。

🔔 **技巧分享**

当设置时没有所需要的字体，可以利用网络字体转换器，也可以从网上下载字体进行安装。

📓 **案例 2　服饰类创意标志设计**

【案例效果】第 6 章\A607.jpg，如图 6-107 所示。

【主要知识点】

📑 使用椭圆选框工具和钢笔工具绘制图形。

【操作过程】

1）执行"文件"→"新建"菜单命令，弹出"新建"对话框，设置"名称"为 A607，画布尺寸为 15 厘米×10 厘米，如图 6-108 所示。

图 6-107　案例效果

图 6-108　"新建"对话框

2）使用椭圆选框工具绘制正圆形。设置前景色为黄色，色值设置如图 6-109 所示。用前景色填充正圆形，效果如图 6-110 所示。

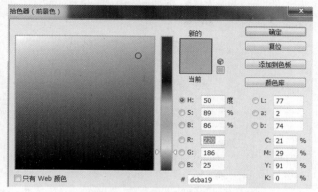

图 6-109 "拾色器"对话框

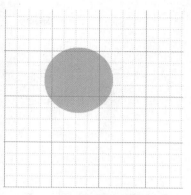

图 6-110 绘制正圆形效果

3）使用椭圆选框工具绘制一个小一点的正圆形。设置前景色为白色，色值设置如图 6-111 所示。用前景色填充正圆形，效果如图 6-112 所示。

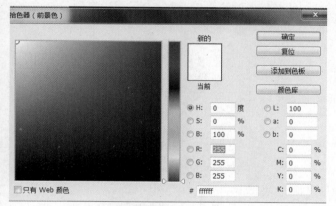

图 6-111 "拾色器"对话框

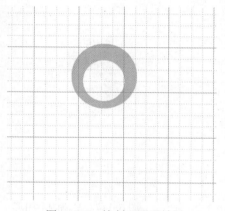

图 6-112 绘制正圆形效果

4）使用椭圆选框工具绘制小圆点，将其填充为灰色，如图 6-113 所示。取消选区，复制一个灰色小圆点，效果如图 6-114 所示。

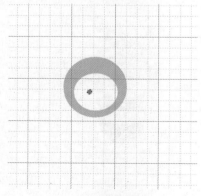

图 6-113 绘制小圆点

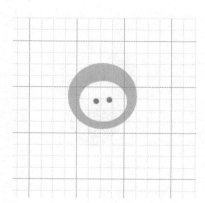

图 6-114 复制小圆点

5）使用钢笔工具绘制一条有弧度的线条路径，作为小蜜蜂的触角，如图 6-115 所示。对此曲线进行描边，描边参数设置如图 6-116 所示。然后对触角进行复制，效果如图 6-117 所示。

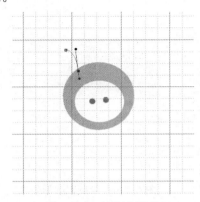

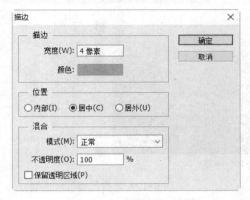

图 6-115　绘制曲线路径　　　　　　　　　　　　　　图 6-116　"描边"对话框

6）使用椭圆选框工具绘制小蜜蜂的身体，将其填充为土黄色，效果如图 6-118 所示。

图 6-117　复制触角图形　　　　　　　　　　　　　　图 6-118　绘制椭圆形身体

7）使用钢笔工具在小蜜蜂的身体上绘制条纹状路径，如图 6-119 所示。将路径转化成选区，删除选区中内容，如图 6-120 所示。

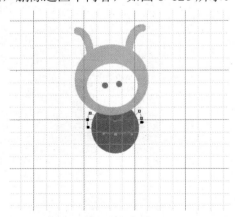

图 6-119　绘制路径　　　　　　　　　　　　　　图 6-120　删除选区

8）使用与上一步同样的方法绘制路径，如图 6-121 所示。将路径转化成选区，删除选区中内容，如图 6-122 所示。

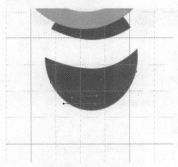

图 6-121　绘制路径

图 6-122　删除选区

9）使用椭圆选框工具在小蜜蜂身体两侧绘制两个椭圆形，将其填充为黄色，作为小蜜蜂的翅膀，效果如图 6-123 所示。

图 6-123　绘制翅膀

10）使用横排文字工具输入英文"Bee"，字体选项设置如图 6-124 所示。效果如图 6-125 所示。

图 6-124　字体选项设置

图 6-125　输入文字效果

11）为了加强文字与图形的统一性，为英文"Bee"添加描边，具体描边参数设置如图 6-126 所示。最终效果如图 6-107 所示。

图 6-126　添加描边

12）执行"文件"→"存储为"菜单命令，弹出"存储为"对话框，将文件保存为 A607.jpg。

6.6　扁平化标志设计

扁平化设计的源头可以追溯到 20 世纪 60 年代兴起的极简主义。扁平化设计是指在设计中去掉多余的透视、纹理、渐变、3D 效果等装饰元素，让事物回归本质，凸显信息本身。其概念的核心是，去除烦琐多余的视觉装饰。扁平化设计是现今流行的设计风格，在手机及各种电子产品终端的界面设计中尤为普遍。

扁平化设计的特点主要有以下几个。

1）色彩设计的扁平化。

2）图形本身的扁平化。

3）字体设计的扁平化

4）扁平化不是简单化。

📇 案例 1　旅游类标志设计

【案例效果】第 6 章\A608.jpg，如图 6-127 所示。

【主要知识点】

📇 利用钢笔工具绘制图形。

【操作过程】

1）执行"文件"→"新建"菜单命令，弹出"新建"对话框，设置"名称"为 A608，画布尺寸为 20 厘米×10 厘米，如图 6-128 所示。

图 6-127　案例效果

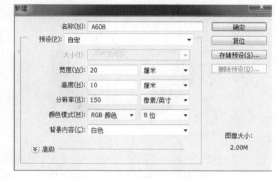

图 6-128　"新建"对话框

2）使用钢笔工具绘制如图 6-129 所示的路径，将路径转化成选区。设置前景色为绿色，色值设置如图 6-130 所示，用前景色填充选区。

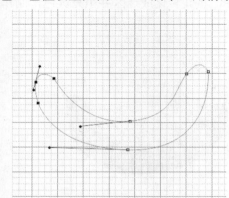

图 6-129　绘制路径

图 6-130　"拾色器"对话框

3）使用钢笔工具绘制如图 6-131 所示的路径，将路径转化成选区。设置前景色为深绿色，色值设置如图 6-132 所示。用前景色填充选区，效果如图 6-133 所示。

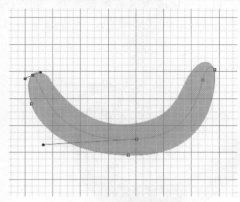

图 6-131　绘制路径

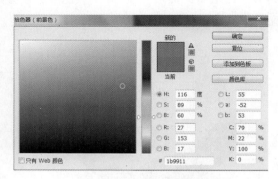

图 6-132　"拾色器"对话框

4）使用钢笔工具绘制如图 6-134 所示的波浪形路径，将其转化成选区并填充深蓝色。

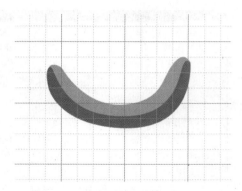

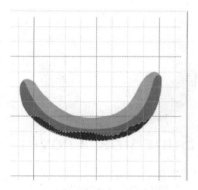

图 6-133　填充颜色　　　　　　　　　图 6-134　绘制波浪图形

5）使用钢笔工具绘制如图 6-135 所示的波浪形路径，将其转化成选区并填充浅蓝色。

6）使用钢笔工具绘制如图 6-136 所示的图形路径，将其转化成选区并填充黄色，制作出太阳的造型。

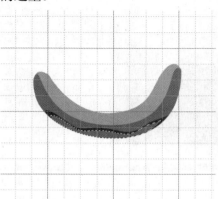

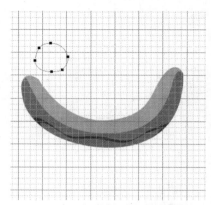

图 6-135　绘制波浪图形　　　　　　　图 6-136　绘制圆形路径

7）使用钢笔工具绘制如图 6-137 所示的路径，将其转化成选区并填充黄色，制作出椰子树叶子的造型。然后复制 3 个黄色叶子，分别填充橘色、绿色、蓝色。效果如图 6-138 所示。

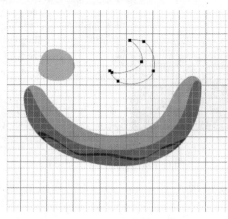

图 6-137　绘制叶子形路径　　　　　　图 6-138　复制叶子

8）调整 4 片叶子的方向、大小，直到满意为止，如图 6-139 所示。

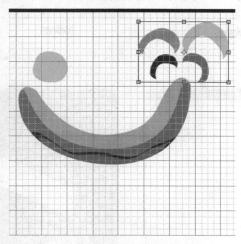

图 6-139　调整叶子

9）使用横排文字工具输入英文"Sunshine Travel"，字体选项设置如图 6-140 所示。最终效果如图 6-127 所示。

图 6-140　字体选项设置

10）执行"文件"→"存储为"菜单命令，弹出"存储为"对话框，将文件保存为 A608.jpg。

案例 2　建筑房产类标志设计

【案例效果】第 6 章\A609.jpg，如图 6-141 所示。

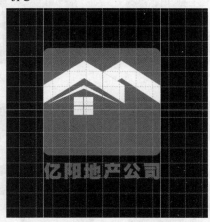

图 6-141　案例效果

【主要知识点】

利用多边形套索工具等绘制图形。

【操作过程】

1）执行"文件"→"新建"菜单命令，弹出"新建"对话框，设置"名称"为 A609，画布尺寸为 10 厘米×10 厘米，如图 6-142 所示。

2）将背景填充为黑色。新建图层，使用多边形套索工具绘制如图 6-143 所示的图形并填充白色，作为房屋的屋顶。

图 6-142 "新建"对话框

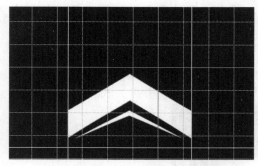

图 6-143 绘制屋顶

3）新建图层，使用多边形套索工具绘制如图 6-144 所示的图形并填充白色。

4）新建图层，使用矩形选框工具在按住〈Shift〉键的同时拖动绘制一个正方形，如图 6-145 所示。然后复制 3 个正方形，将 4 个正方形对齐放置。按〈Ctrl+T〉快捷键将 4 个正方形缩小放置到屋顶下的合适位置。效果如图 6-146 所示。

5）新建图层，使用多边形套索工具绘制如图 6-147 所示的图形并填充白色。

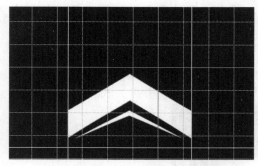

图 6-144 绘制图形

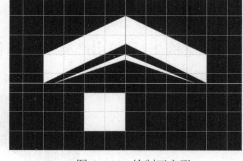

图 6-145 绘制正方形

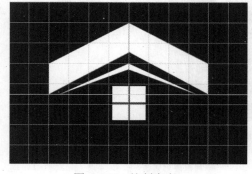

图 6-146 绘制窗户

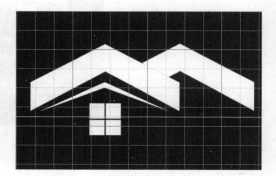

图 6-147 绘制图形

6）新建图层，使用圆角矩形工具在按住〈Shift〉键的同时拖动绘制一个正方形，其选项栏设置如图 6-148 所示。效果如图 6-149 所示。

7）将路径转化成选区，将其填充为灰色，如图 6-150 所示。

图 6-148　圆角矩形工具选项栏

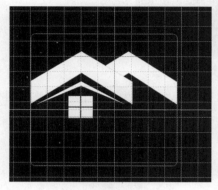

图 6-149　绘制圆角矩形

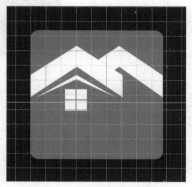

图 6-150　填充灰色

8）载入灰色矩形选区，单击"多边形套索工具"按钮，在其选项栏中单击"从选区中减去"按钮，对选区进行删减。效果如图 6-151 所示。

9）将前景色设置为橘色，为选区填充前景。效果如图 6-152 所示。

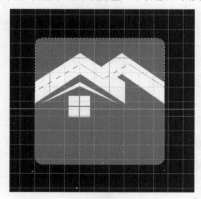

图 6-151　从选区中减去效果

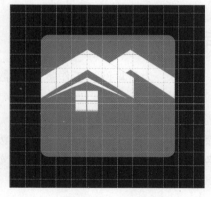

图 6-152　填充效果

10）使用横排文字工具，输入汉字"亿阳地产公司"，设置字体为"方正超粗黑"，其他字体选项设置如图 6-153 所示。效果如图 6-154 所示。

图 6-153　字体选项设置

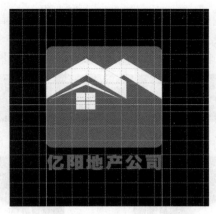

图 6-154　输入文字效果

11）执行"文件"→"存储为"菜单命令，弹出"存储为"对话框，将文件保存为 A609.jpg。

6.7　本章小结

标志是企业形象或产品形象的符号化体现。其最重要的一个功能就是识别性，便于消费群体或受众将其与其他企业区别开来。

本章要求读者掌握标志设计的相关知识，并且能够熟练运用 Photoshop 软件，独立完成设计任务。

课后实训项目

项目一名称：为蓝星网站工作室设计并制作创意型标志

项目设计要求：

1）能够体现蓝星网站工作室的特征。

2）字体运用严谨合理，彰显工作室活泼、积极向上的精神。

3）色彩运用科技感强，有利于后期的实际应用。

4）创意新颖，具有独创性。

项目二名称：以旅游服务为主题，设计并制作扁平化标志

项目设计要求：

1）构思精巧，创意新颖，有较高的艺术性。

2）内涵明确、美观大方，体现旅游服务业的特点。

3）图案简洁，具有现代感。

4）标志设计具有辨识性，能被受众所理解和接受。

第7章　网页导航设计

网页导航是网站的重要组成部分，需兼顾用户体验和方便用户浏览。网页导航对于网页的搜索也是非常重要的，搜索引擎蜘蛛爬取网页时首先会到网页导航上获取信息。本章将通过多个网页导航设计案例，让读者能够更好地认识和了解网页导航设计，并能够自行设计和制作网页导航。

【本章要点】
◀》 了解网页导航的作用和类型。
◀》 掌握网页导航设计的布局准则。
◀》 掌握网页导航设计的特点。

7.1　网页导航简介

导航的作用是让人更快、更便捷地找到自己想到达的地方。网页导航也是如此，其目的就是让用户快速找到自己想看的内容。

网页导航是指通过一定的技术手段，为网页的访问者提供一条捷径，使其可以方便地找到所需的内容。

通过分析用户浏览网页的习惯得出，大多数用户都不是通过网站的首页逐级浏览其下各个栏目和网页内容的，许多用户是从其他网页跳转到该网站，如果没有网页导航的引导，用户很容易在浏览网站的过程中迷失。因此，网站导航系统是评价网站是否专业的基本指标之一。

网页导航主要有以下几种类型。

主导航一般位于网页的上部。它可以第一时间引导用户找到所需要的信息栏目。

次导航一般位于网页的两侧。当用户在浏览网页时想去其他栏目看看，可以通过次导航进入。

面包屑导航是位置导航，可以让用户清楚地知道自己在网站中所处的位置。

网站地图主要是给搜索引擎指引道路。

7.2　网页导航设计规范

7.2.1　网页导航设计的布局原则

网页导航设计应遵循以下布局原则。

1）在网页导航中多设置一些相关的优质资源链接，以增加网站的吸引力。

2）网页导航要与网站的整体风格保持一致。

3）合理划分网站各个板块的层次。网页导航上的分类名称应设置得简明扼要，概括性强，以便于用户看到后能马上确定要进入哪个栏目查看他们所要的信息。

7.2.2　网页导航设计的特点

1．易于识别

网页导航要放置在网页的显著位置，能让用户一眼就能看到。网页导航上的文本不要与网页内容使用相同的颜色、字体和字号大小，应更加醒目。

2．操作简单

网页导航一定要设计得简单易操作，能够帮助用户快速查找到有用的信息。

3．有效点击

要确保网页导航中的所有元素都可有效点击。一些网站的时候会经常发现有些网站的导航点击后无法跳转。

4．风格一致

网页导航的设计要与网站的整体设计风格相匹配，并且尽量在同一网站的所有页面中使用相同的导航模式，以保持一致性。

5．保持简洁

可以在次导航中添加更多的项目，但是主导航中的项目不要过多，以免分散用户的注意力。

6．互动性强

反馈对于任何交互都是至关重要的。当用户点击或悬停在导航菜单上时，要有与该操作的互动，可以通过改变链接的文字颜色、背景颜色或加粗显示文本，使其产生变化。

7．主次分明

确定网站提供的主要功能，将最重要的栏目放在主导航中，次要的栏目放在次导航中。

7.3　简易网页导航设计

7.3.1　简单文字网页导航设计

📄 案例　个人主页文字导航设计

【案例效果】第 7 章\A701.jpg，如图 7-1 所示。

图 7-1　案例效果

【案例素材】第 7 章\701.jpg，如图 7-2 所示。

图 7-2　案例素材

【主要知识点】

📧 使横排文字工具输入文字。

【操作过程】

1）执行"文件"→"新建"菜单命令，弹出"新建"对话框，设置"名称"为 A701，画布尺寸为 1920 像素×126 像素，如图 7-3 所示。画布样式如图 7-4 所示。

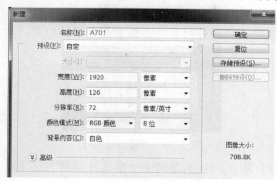

图 7-3　"新建"对话框

图 7-4　画布样式

2）使用横排文字工具输入文字"QQ 空间"，其字体选项设置如图 7-5 所示。效果如图 7-6 所示。

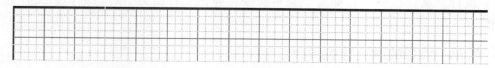

图 7-5　字体选项设置

图 7-6　输入文字效果

3）使用横排文字工具分别输入文字"个人中心""我的主页""好友""游戏""装扮"，其字体选项设置如图 7-7 所示，将所有文字设置为底端对齐。效果如图 7-8 所示。

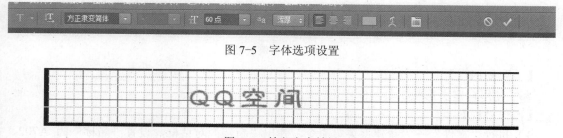

图 7-7　字体选项设置

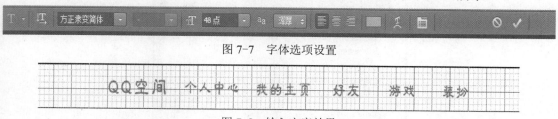

图 7-8　输入文字效果

4）执行"文件"→"置入"菜单命令，置入素材图片，在此步骤中弹出的提示对话框中单击"置入"按钮,如图 7-9 所示。

图 7-9 置入素材

5)按〈Ctrl+T〉快捷键调整图片尺寸,并放置在合适的位置,如图 7-10 所示。

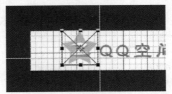

图 7-10 调整图片尺寸

6)最终效果如图 7-1 所示。在本案例中一定要注意所有文字要保持底端对齐,各标题的间距相同。

7)执行"文件"→"存储为"菜单命令,弹出"存储为"对话框,将文件保存为A701.jpg。

7.3.2 带单一背景的网页导航设计

案例1 个人主页单一背景导航设计

【案例效果】第 7 章\A702 .jpg,如图 7-11 所示。

图 7-11 案例效果

【主要知识点】

使用自定义形状工具绘制图形。

【操作过程】

1)执行"文件"→"新建"菜单命令,弹出"新建"对话框,设置"名称"为 A702,画布尺寸为 1920 像素×126 像素,如图 7-12 所示。

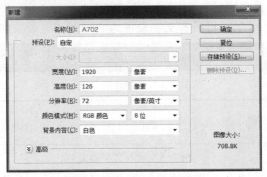

图 7-12 "新建"对话框

2）将背景图层填充为灰色，色值设置如图 7-13 所示。效果如图 7-14 所示。

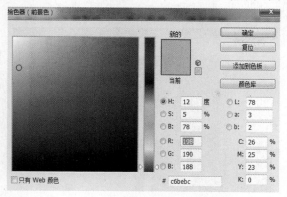

图 7-13 "拾色器"对话框

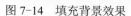

图 7-14 填充背景效果

3）使用在选项栏中设置横排文字工具分别输入文字"书签""上网导航""热门影视""腾讯视频""游戏中心""爱我淘宝"，在选项栏中设置字体为"黑体"，字号为 36，文本颜色为暗红色，如图 7-15 所示。其中文本颜色色值设置如图 7-16 所示。在此需注意各标题之间的间距相等。

图 7-15 字体选项设置

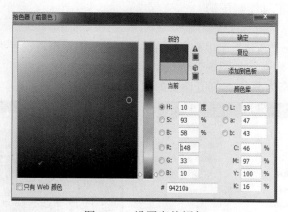

图 7-16 设置字体颜色

4）设置后的文字效果如图 7-17 所示。

书签　　上网导航　　热门影视　　腾讯视频　　游戏中心　　爱我淘宝

图 7-17 文字效果

5）单击工具箱中的 "自定形状工具" 按钮，在选项栏中选择星形形状，在工作区中拖动绘制星形图形，为其填充橘红色，色值设置如图 7-18 所示。

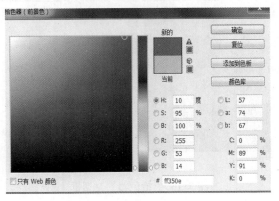

图 7-18 "拾色器" 对话框

6）将星形图形放置在标题的最左侧。最终效果如图 7-11 所示。

7）执行 "文件" → "存储为" 菜单命令，弹出 "存储为" 对话框，将文件保存为 A702.jpg。

案例2 公司主页单一背景导航设计

【案例效果】第 7 章\A703 .jpg，如图 7-19 所示。

图 7-19 案例效果

【主要知识点】

使用圆角矩形工具绘制图形。

【操作过程】

1）执行 "文件" → "新建" 菜单命令，弹出 "新建" 对话框，设置 "名称" 为 A703，画布尺寸为 1920 像素×126 像素，如图 7-20 所示。

2）将背景图层填充为蓝色，色值设置如图 7-21 所示。

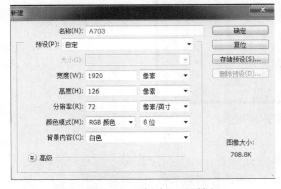

图 7-20 "新建" 对话框

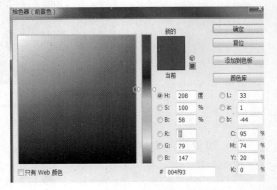

图 7-21 "拾色器" 对话框

3）使用横排文字工具分别输入文字"首页""走进明大""新闻中心""主营业务""人力资源""联系我们"，在选项栏中设置文本颜色为白色，字号为 36，字体为"黑体"。在此需注意各标题之间的间距相等。效果如图 7-22 所示。

图 7-22　文字效果

4）使用圆角矩形工具绘制圆角矩形路径，并将其转化成选区，填充白色。效果如图 7-23 所示。

图 7-23　圆角矩形效果

5）使用横排文字工具在圆角矩形中输入文字"请输入关键字"，在选项栏中设置文本颜色为灰色，字号为 18，字体为"黑体"。效果如图 7-24 所示。

图 7-24　文字效果

6）单击工具箱中的 "自定形状工具"按钮，在选项栏中选择放大镜形状，在工作区中拖动绘制放大镜图形，并将其转化成选区，填充蓝色。最终效果如图 7-19 所示。

7）执行"文件"→"存储为"菜单命令，弹出"存储为"对话框，将文件保存为A703.jpg。

7.3.3　带渐变背景的网页导航设计

 案例1　旅游类网页渐变背景导航设计

【案例效果】第 7 章\A704 .jpg，如图 7-25 所示。

图 7-25　案例效果

【案例素材】第 7 章\704 .jpg，如图 7-26 所示。

图 7-26　案例素材

【主要知识点】

通过渐变编辑器设置渐变色。

【操作过程】

1）执行"文件"→"新建"菜单命令，弹出"新建"对话框，设置"名称"为 A704，画布尺寸为1926像素×126像素，如图7-27所示。

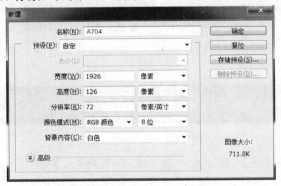

图7-27 "新建"对话框

2）将背景图层色填充为由浅蓝色到深蓝色再到浅蓝色的线性渐变色，渐变色设置如图7-28所示。效果如图7-29所示。

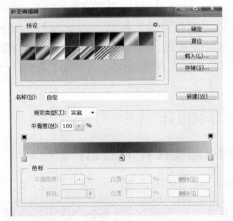

图7-28 "渐变编辑器"对话框

图7-29 填充渐变色效果

3）使用横排文字工具分别输入文字"首页""景点大全""实景旅游""卫星地图""联系我们"，在选项栏中设置文本颜色为白色，字号为36，字体为"黑体"。在此需注意各标题之间的距离相等。效果如图7-30所示。

首页　景点大全　实景旅游　卫星地图　联系我们

图7-30 文字效果

4）使用圆角矩形工具绘制圆角矩形路径，并将其转化成选区，填充白色。效果如图 7-31 所示。

图 7-31　圆角矩形效果

5）使用横排文字工具在圆角矩形中输入文字"泰山、北京、上海"，在选项栏中设置文本颜色为灰色，字号为 18，字体为"黑体"。效果如图 7-32 所示。

图 7-32　文字效果

6）单击工具箱中的"自定形状工具"按钮，在选项栏中选择放大镜形状，在工作区中拖动绘制放大镜图形，并将其转化成选区，填充蓝色。效果如图 7-33 所示。

图 7-33　添加放大镜图形效果

7）使用横排文字工具输入文字"登录 注册"，在选项栏中设置文本颜色为灰色，字号为 24，字体为"黑体"。效果如图 7-34 所示。

图 7-34　文字效果

8）执行"文件"→"置入"菜单命令，置入素材图片，将其放置在标题的最左侧。最终效果如图 7-35 所示。

9）执行"文件"→"存储为"菜单命令，弹出"存储为"对话框，将文件保存为 A704.jpg。

案例 2　体育类网页渐变背景导航设计

【案例效果】第 7 章\A705 .jpg，如图 7-35 所示。

图 7-35　案例效果

【案例素材】第 7 章\705 .jpg，如图 7-36 所示。

图 7-36　案例素材

【主要知识点】

☞ 通过渐变编辑器设置渐变色。

☞ 使用单行选框工具绘制竖线。

【操作过程】

1）执行"文件"→"新建"菜单命令，弹出"新建"对话框，设置"名称"为 A705，画布尺寸为 1920 像素×126 像素，如图 7-37 所示。

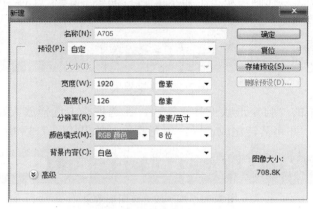

图 7-37 "新建"对话框

2）将背景图层填充为由白色到深红色的线性渐变色，渐变色设置如图 7-38 所示。

3）双击背景图层将其转化为普通图层。单击"图层"面板底部的"添加图层样式"下拉按钮，选择"斜面和浮雕"命令，弹出"图层样式"对话框，设置"样式"为"内斜面"，具体参数设置如图 7-39 所示。效果如图 7-40 所示。

图 7-38 "渐变编辑器"对话框

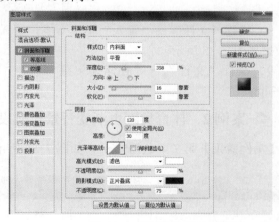

图 7-39 "图层样式"对话框

图 7-40 立体背景效果

4）使用横排文字工具分别输入"首页""视频""直播""图片""中国足球""中国篮球""NBA""3×3""5×5""综合""跑步"，在选项栏中设置文本颜色为红色，字号为 36，字体为"黑体"。在此需注意各标题之间的距离相等。效果如图 7-41 所示。

图 7-41 文字效果

5）使用单行选框工具在各标题之间绘制竖线作为分隔线，为其填充红色。效果如图 7-42 所示。

图 7-42 添加竖线效果

6）执行"文件"→"置入"菜单命令，置入素材图片，将其放置在标题的最左侧。最终效果如图 7-35 所示。

7）执行"文件"→"存储为"菜单命令，弹出"存储为"对话框，将文件保存为 A705.jpg。

7.3.4 带图片背景的网页导航设计

案例 1 医药类网页图片背景导航设计

【案例效果】第 7 章\A706.jpg，如图 7-43 所示。

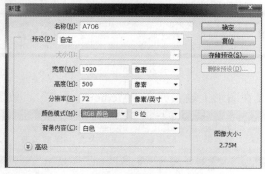

图 7-43 案例效果

【主要知识点】
☞ 使用椭圆选框工具绘制选区图形。
☞ 使用高斯模糊增加画面效果。

【操作过程】
1）执行"文件"→"新建"菜单命令，弹出"新建"对话框，设置"名称"为 A706，画布尺寸为 1920 像素×500 像素，如图 7-44 所示。

图 7-44 "新建"对话框

2）将背景图层填充为黑色。使用圆角矩形工具绘制一个长条形，并将其转化为选区，填充白色。效果如图 7-45 所示。

图 7-45　绘制白色圆角矩形

3）复制白色矩形，将其等比例缩小，填充由深绿色到白色再到深绿色的线性渐变色。效果如图 7-46 所示。

图 7-46　添加渐变色圆角矩形

4）使用横排文字工具分别输入文字"首页""药品超市""药房联盟""医院大全""医药资源""健康问答"，在选项栏中设置文本颜色为深绿色，字号为 36，字体为"黑体"。在此需注意各标题之间的距离相等。效果如图 7-47 所示。

图 7-47　文字效果

5）使用椭圆选框工具绘制一个椭圆形选区，在选项栏中选择"从选区减去"（见图 7-48），减去多余的部分，将选区填充为白色，放置在适当的位置，再为其添加投影。效果如图 7-49 所示。

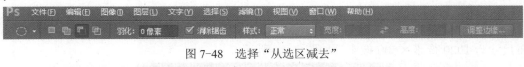

图 7-48　选择"从选区减去"

图 7-49　图形效果

6）使用横排文字工具在图形上输入英文"Medicine mall"。效果如图 7-50 所示。

图 7-50　文字效果

7）单击工具箱中的"自定形状工具"按钮，在选项栏中选择花朵形状，在工作区中拖动绘制花朵图形，为其填充草绿色。对花朵进行高斯模糊处理，执行"滤镜"→"模糊"→"高斯模糊"菜单命令，弹出"高斯模糊"对话框，单击"确定"按钮，如图 7-51 所示。再将花朵图形进行复制，缩小后放置在适当的位置。效果如图 7-52 所示。

图 7-51 "高斯模糊"对话框

图 7-52 添加花朵效果

8）再次使用自定形状工具绘制另一种花朵图形（见图 7-53），为其填充黄色，放置到适当位置。效果如图 7-53 所示。

图 7-53 选择花朵形状

9）执行"文件"→"存储为"菜单命令，弹出"存储为"对话框，将文件保存为 A706.jpg。

案例 2 家用电器类网页图片背景导航设计

【案例效果】第 7 章\A707.jpg，如图 7-54 所示。

图 7-54 案例效果

【案例素材】第 7 章\707.jpg，如图 7-55 所示。

图 7-55 案例素材

【主要知识点】

☞ 使用圆角矩形工具绘制图形。

☞ 使用描边工具增加画面效果。

【操作过程】

1）执行"文件"→"新建"菜单命令，弹出"新建"对话框，设置"名称"为 A707，画布尺寸为 1920 像素×500 像素，如图 7-56 所示。

图 7-56 "新建"对话框

2）将背景图层填充为黑色。使用圆角矩形工具绘制一个长条形，并将其转化为选区，填充白色。效果如图 7-57 所示。

图 7-57 绘制白色圆角矩形

3）复制白色矩形，将其等比例缩小，填充由深灰色到白色再到深灰色的线性渐变色。效果如图 7-58 所示。

图 7-58 添加渐变色圆角矩形

4）使用横排文字工具分别输入文字"电器城首页""新首发""酷玩街""花呗分期""手机馆""苏宁易购"，在选项栏中设置文本颜色为深绿色，字号为 36，字体为"黑体"。在此需注意各标题之间的距离相等。效果如图 7-59 所示。

图 7-59 文字效果

5）使用圆角矩形工具绘制圆角正方形路径，将其转化为选区并填充蓝色。双击此图层，为此图层添加描边效果，描边颜色设置为白色，单击"确定"按钮，如图 7-60 所示。

效果如图 7-61 所示。

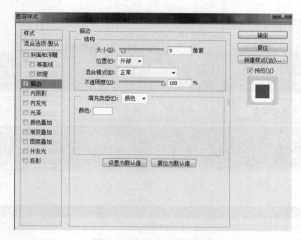

图 7-60　添加描边效果

图 7-61　绘制圆角正方形

6）按〈Ctrl+J〉组合键复制圆角正方形图层，然后等比例缩小，载入选区并填充粉紫色，将此图形和蓝色圆角正方形中心点重合，如图 7-62 所示。使用同样的方法，依次添加黄色、紫色圆角正方形，效果如图 7-63 所示。

图 7-62　复制圆角正方形

图 7-63　添加多个圆角正方形

7）将 4 个圆角正方形图层进行栅格化，然后合并图层。按〈Ctrl+T〉组合键对该图层进行自由变换，旋转 45 度。按〈Ctrl+J〉组合键，复制图层，将两个圆角正方形分别放置在导航条的两侧。效果如图 7-64 所示。

图 7-64　变换圆角正方形角度

8）载入步骤 2 的白色圆角矩形选区，反选选区，如图 7-65 所示。分别选择两个圆角正方形所在图层，按〈Delete〉键删除多余部分。效果如图 7-66 所示。

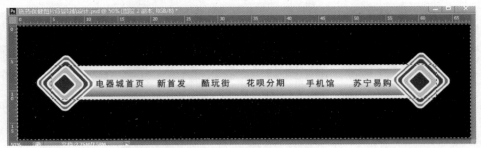

图 7-65　反选选区

图 7-66　删除多余部分

9）置入素材图片，将其放置在导航条上端。最终效果如图 7-54 所示。

10）执行"文件"→"存储为"菜单命令，弹出"存储为"对话框，将文件保存为A707.jpg。

7.4　有特效的网页导航设计

7.4.1　不规则形状的网页导航设计

📝 **案例 1　美容类网页特效导航设计**

【案例效果】第 7 章\A708.jpg，如图 7-67 所示。

图 7-67　案例效果

【案例素材】第 7 章\708.jpg，如图 7-68 所示。

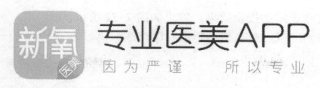

图 7-68   案例素材

【主要知识点】

📧 使用钢笔工具绘制路径。

📧 通过添加投影增加图形立体效果。

【操作过程】

1）执行"文件"→"新建"菜单命令，弹出"新建"对话框，设置"名称"为 A708，画布尺寸为 60 厘米×45 厘米，如图 7-69 所示。

图 7-69   "新建"对话框

2）使用钢笔工具绘制如图 7-70 所示的路径，将路径转化成选区，填充由深绿色到浅绿色的渐变色。为此图形添加浅绿色的描边效果。栅格化此图形。然后删除左右两侧的浅绿色描边部分，如图 7-71 所示。

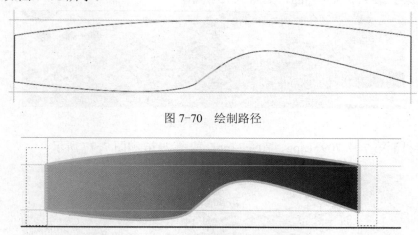

图 7-70   绘制路径

图 7-71   删除多余部分

3）使用自定形状工具绘制树叶图形，通过旋转变形丰富树叶造型。为了增加树叶的层

161

次感，为下端的两片叶子添加投影效果。效果如图7-72所示。

4）使用矩形选框工具绘制4个小矩形并填充浅绿色。为4个小矩形添加投影效果并适当变换方向。效果如图7-73所示。

图7-72 绘制树叶

图7-73 绘制小矩形

5）使用横排文字工具在小矩形上分别输入文字"首页""美丽日记""安心购""项目宝典"，在选项栏中设置文本颜色为白色，字号为36，字体为"黑体"。注意旋转文字方向以配合矩形的角度。效果如图7-74所示。

图7-74 文字效果

6）置入素材图片，将其放置在适当位置。最终效果如图7-67所示。

7）执行"文件"→"存储为"菜单命令，弹出"存储为"对话框，将文件保存为A708.jpg。

🎬 案例2　文化艺术类网页特效导航设计

【案例效果】第7章\A709.jpg，如图7-75所示。

图7-75 案例效果

【案例素材】第7章\709-1.jpg、709-2.jpg，如图7-76和图7-77所示。

图7-76 案例素材1

图 7-77　案例素材 2

【主要知识点】

📧 使用椭圆选框工具绘制图形。

【操作过程】

1）执行"文件"→"新建"菜单命令，弹出"新建"对话框，设置"名称"为 A709，画布尺寸为 1920 像素×500 像素，如图 7-78 所示。

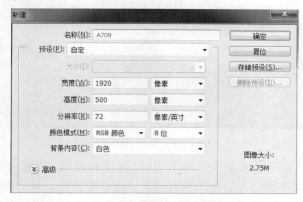

图 7-78　"新建"对话框

2）置入素材图片 709-1.jpg，如图 7-79 所示。

图 7-79　插入素材

3）使用椭圆选框工具，按住〈Shift〉键绘制 3 个正圆形，分别填充紫色、浅灰色、深灰色，放置在画面左下方。将 3 个正圆形组合在一起进行复制，放置在画面右上方。效果如图 7-80 所示。

图 7-80　添加圆形

4）使用椭圆选框工具，按住〈Shift〉键绘制正圆形，填充深灰色。使用矩形选框工具删除下方半个圆形。再载入半圆形选区，使用矩形选框工具减去 1/4 圆形选区，如图 7-81 所示。对剩余选区填充浅灰色。然后复制半圆形，将其放置在画面右上角，再将此图形旋转180 度。效果如图 7-82 所示。

图 7-81　绘制半圆形

图 7-82　复制半圆形

5）使用横排文字工具输入文字"艺术生活 文化精髓"，在选项栏中设置字体为"楷体"，字号为 24 点，文本颜色为白色，然后将文字进行栅格化。双击该图层对文字添加描边效果，描边参数设置如图 7-83 所示。效果如图 7-84 所示。

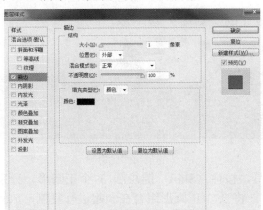

图 7-83　添加文字描边效果

图 7-84　文字效果

6）使用横排文字工具分别输入文字"回到首页""设为首页""加入收藏""登录邮箱"，在选项栏中设置文本颜色为白色，字号为 30 点，字体为黑体，注意各标题间距相等。效果如图 7-85 所示。

图 7-85　文字效果

7）使用横排文字工具输入文字"简体"，在选项栏中设置文本颜色为灰色，字号为 36 点，字体为"黑体"。使用矩形选框工具绘制小矩形，填充浅灰色。使用多边形套索工具绘制倒三角形，填充紫色。效果如图 7-86 所示。

图 7-86　添加细节

8）使用横排文字工具分别输入文字"腾讯文化产业办公室""中国文联网络文艺传播中心"，在选项栏中设置文本颜色为白色，字号为 24 点，字体为"黑体"，如图 7-87 所示。

图 7-87　文字效果

9）置入素材图片 709-2.jpg，放置在画面左下角。最终效果如图 7-75 所示。

10）执行"文件"→"存储为"菜单命令，弹出"存储为"对话框，将文件保存为 A709.jpg。

7.4.2　扁平化网页导航设计

📇 案例 1　度假村网页扁平化导航设计

【案例效果】第 7 章\A710.jpg，如图 7-88 所示。

【案例素材】第 7 章\710.jpg，如图 7-89 所示。

图 7-88　案例效果

图 7-89　案例素材

【主要知识点】

▤▤ 使用钢笔工具绘制路径。

▤▤ 通过添加描边增加画面效果。

【操作过程】

1）执行"文件"→"新建"菜单命令，弹出"新建"对话框，设置"名称"为 A710，画布尺寸为 1920 像素×850 像素，如图 7-90 所示。

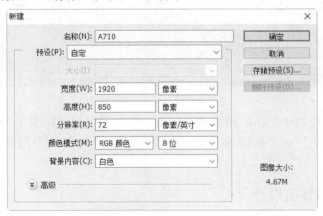

图 7-90　"新建"对话框

2）将背景图层填充为蓝色。使用矩形选框工具绘制一个长条形，填充绿色。载入长条形选区，为其添加橘色描边，将长条形左右两侧的橘色线条删除。效果如图 7-91 所示。

166

图 7-91　绘制长条形

3）使用直线工具绘制两条横线，填充浅黄色，粗细为 6 像素，如图 7-92 所示。

图 7-92　绘制横线

4）使用钢笔工具绘制花边矩形，填充浅绿色，为花边矩形添加橘色描边。效果如图 7-93 所示。

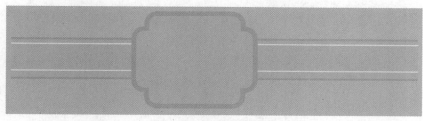

图 7-93　花式外框效果

5）复制一个花边矩形，然后等比例缩小，放置在中心位置，将该图形的描边换成浅黄色。效果如图 7-94 所示。

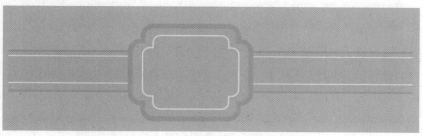

图 7-94　花边矩形效果

6）使用横排文字工具分别输入文字"山庄首页""关于我们""别墅公寓""健康餐饮""会议休闲""健康养老""联系我们"，在选项栏中设置字体为"黑体"，字号为 30 点，文本颜色为浅灰色。效果如图 7-95 所示。

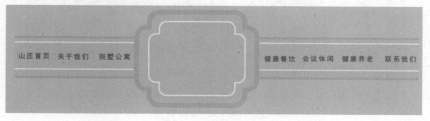

图 7-95　文字效果

7）使用钢笔工具绘制云朵图形，将其转化成选区，填充白色。效果如图7-96所示。

图 7-96　云朵效果

8）使用椭圆选框工具绘制一个正圆形，填充红色。复制红色圆形并等比例缩小，将其颜色换成橘红色。按照同样的方法分别绘制绿色、蓝色、紫色圆形，将所有圆形所在图层合并为一个图层，删除圆形的中心部分。效果如图7-97所示。

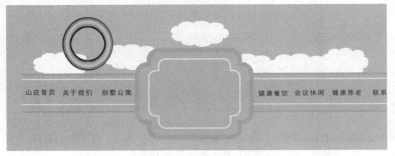

图 7-97　彩虹色圆环效果

9）删除彩虹色圆环的下半部分，形成彩虹图形，放置在画面右侧。效果如图7-98所示。

图 7-98　彩虹效果

10）使用自定形状工具绘制太阳图形，将其转化成选区，填充橘红色，放置在画面左侧。效果如图7-99所示。

图 7-99　太阳效果

11）置入素材图片 710.jpg，使用钢笔工具围绕标志外沿进行选取，将路径转化成选区，反选并删除多余的部分，如 7-100 所示。

图 7-100　选取标志

12）使用横排文字工具输入文字"享受生活 享受度假"，放置在标志图形下方。最终效果如图 7-88 所示。

13）执行"文件"→"存储为"菜单命令，弹出"存储为"对话框，将文件保存为 A710.jpg。

✎ 案例 2　咖啡店网页扁平化导航设计

【案例效果】第 7 章\A711.jpg，如图 7-101 所示。

图 7-101　案例效果

【案例素材】第 7 章\711-1.jpg、711-2.jpg，如图 7-102、图 7-103 所示。

图 7-102　案例素材 1

图 7-103　案例素材 2

【主要知识点】

▐▇▌ 使用魔棒工具绘制选区。

▐▇▌ 通过调整图层透明度增加画面效果。

【操作过程】

1）执行"文件"→"新建"菜单命令，弹出"新建"对话框，设置"名称"为 A711，画布尺寸为 1920 像素×500 像素，如图 7-104 所示。

图 7-104　"新建"对话框

2）插入素材图片 711-1.jpg，使用椭圆选框工具删除图片左侧边缘。效果如图 7-105 所示。

图 7-105　置入素材图片

3）使用椭圆选框工具绘制一个椭圆形，填充由土黄色到深黄色的渐变色，如图 7-106 所示。选中椭圆形，执行"滤镜"→"杂色"→"添加杂色"菜单命令，设置"数量"为 4.8%，单击"确定"按钮，如图 7-107 所示。

图 7-106　绘制椭圆形

图 7-107　"添加杂色"对话框

4）使用矩形选框工具在画面底部绘制矩形条，填充深灰色，并且调整其透明度。效果如图 7-108 所示。

图 7-108　绘制透明矩形条

5）使用横排文字工具分别输入文字"首页""品牌故事""精美产品""新闻动态""咖啡学院""门店风采""联系我们"在选项栏中设置字体为"黑体"，字号为 36 点，文本颜色为白色。效果如图 7-109 所示。

图 7-109　文字效果

6）使用自定形状工具绘制电话图形，将其转化成选区，填充白色。使用横排文字工具输入文字"400-812-1256"，在选项栏中设置字体为"黑体"，字号为24点，文本颜色为白色，如图7-110所示。

图7-110　添加电话

7）置入素材图片711-2.jpg，使用魔棒工具选中白色区域，删除多余部分。最终效果如图7-101所示。

8）执行"文件"→"存储为"菜单命令，弹出"存储为"对话框，将文件保存为A711.jpg。

7.5　本章小结

本章通过多个网页导航案例，使读者能够了解网页导航的常见形式，并掌握网页导航设计的基本方法。希望读者加强练习，不断提升设计水平，设计出更多更好的作品。

📑 课后实训项目

项目一名称：以电子商务网站为主题，设计与制作有特效的网页导航

项目设计要求：

1）体现电子商务网站特征。

2）设计形式严谨合理，彰显电子商务网站活泼、积极向上的工作精神。

3）色彩运用科技感强，有利于后期的实际应用。

4）创意新颖，具有良好的独创性。

项目二名称：以某职业技术学院为主题，设计与制作扁平化网页导航

项目设计要求：

1）设计构思精巧，表现新颖准确，有较高的艺术性。

2）图形简洁易辨识、主题明确、美观大方，体现该学校的特点。

3）整体设计风格统一，体现该学校严谨治学的态度。

4）色彩简洁温馨，具有现代感。

第8章　网页栏目设计

网页栏目是网页信息分类的载体，因栏目功能不同，在页面中的版式也各不相同。通常网页栏目是由栏目标题、栏目内容和栏目导航三部分组成。合理的栏目设计能够将网站的主要功能清晰地展现出来，以方便用户浏览。

【本章要点】

- ◀ 了解网页栏目。
- ◀ 掌握图文网页栏目的设计方法。
- ◀ 掌握交互式网页栏目的设计方法。

8.1　网页栏目简介

网页栏目的实质是一个网站的索引或目录，对网页的内容起到了很好的分类作用。在制定网页栏目时，要仔细考虑，合理安排。一般网页栏目的设计要注意以下几个方面，一是要紧扣主题，二是位置设计合理，三是要与网页整体风格一致。

网页栏目对于网站有导航作用，主要体现在以下几个方面。

1）全局导航。全局导航可以帮助用户访问网页中的任何一个栏目内容。一般全局导航的位置比较固定，以减少用户的查找时间。

2）路径导航。路径导航显示了用户浏览页面的所属栏目及路径，帮助用户访问该页面的上下级栏目，从而更完整地了解网站信息。

3）快捷导航。对于网站的老用户来说，快捷导航能让用户更直观地查看栏目，减少操作时间，大大提高浏览效率。

网站栏目的设置应注意以下几点。

1）尽可能避免与主题无关的栏目。

2）尽可能将网站最有价值、最近更新的内容列在显要的栏目上。

3）尽可能方便访问者浏览和查询。

4）尽可能考虑到网站的主题、目标和功能需求。

5）尽可能设置能为访问者服务的栏目。

8.2　图文网页栏目设计

图文网页栏目主要分为简约图文网页栏目和典型图文网页栏目两类。本节将通过案例进行说明。

8.2.1　简约图文网页栏目设计

简约风格的网站主要有以下几个特点，一是加载速度快；二是内容重点突出；三是网站更加直观；四是栏目设计简单。简约网页栏目大多是由简单的栏目标题和栏目内容组成。

案例1 学校网站简约图文网页栏目设计

【案例效果】第 8 章\A801.jpg，如图 8-1 所示。

图 8-1 案例效果

【案例素材】第 8 章\801-1.jpg、801-2.jpg，如图 8-2 和图 8-3 所示。

图 8-2 案例素材 1

图 8-3 案例素材 2

【主要知识点】

📇 使用横排文字工具输入文字。

【操作过程】

1）执行"文件"→"新建"菜单命令，弹出"新建"对话框，设置"名称"为A801，画布尺寸为600像素×400像素，如图8-4所示。

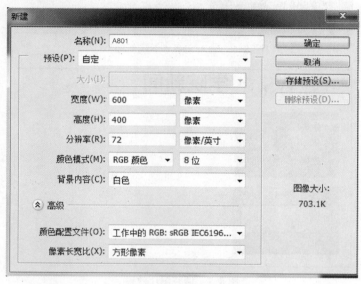

图8-4 "新建"对话框

2）使用横排文字工具输入英文"NEWS"，在选项栏中设置字体为"Castellar"，字号为40点，文本颜色为黑色，消除锯齿的方法为"浑厚"，如图8-5所示。使用横排文字工具输入文字"学院新闻"，在选项栏中设置字体为"黑体"，字号为40点，文本颜色为暗红色，消除锯齿的方法为"浑厚"，如图8-6所示。

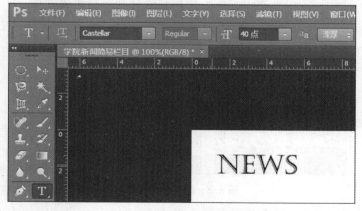

图8-5 输入英文"NEWS"

3）执行"文件"→"置入"菜单命令，置入素材图片801-1.jpg、801-2.jpg。按〈Ctrl+T〉组合键对素材图片进行自由变换，按住〈Shift〉键进行等比例缩放，然后将素材图片放置在画面左侧。效果如图8-7所示。

图 8-6　输入文字"学院新闻"

图 8-7　调整图片效果

4）使用横排文字工具，输入如图 8-6 所示的新闻标题，在"字符"面板中设置字体为"宋体"，字号为 18 点，文本颜色为黑色，消除锯齿的方法为"浑厚"，如图 8-8 所示。

图 8-8　输入新闻标题

5）使用横排文字工具，输入新闻内容，在"字符"面板中设置字体为"宋体"，字号为 14 点，文本颜色为黑色。

6）按照与步骤 4、5 同样的方法输入其他新闻标题及内容。最终效果如图 8-1 所示。

7）执行"文件"→"存储为"菜单命令，弹出"存储为"对话框，将文件保存为 A801.jpg。

📑 案例2 图书网站简约图文网页栏目设计

【案例效果】第 8 章\A802.jpg，如图 8-9 所示。

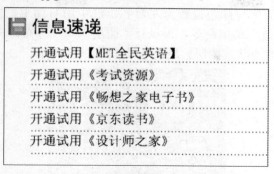

图 8-9 案例效果

【案例素材】第 8 章\802.jpg，如图 8-10 所示。

图 8-10 案例素材

【主要知识点】

📇 使用横排文字工具输入文字。

📇 使用画笔工具绘制分隔线。

【操作过程】

1）执行"文件"→"新建"菜单命令，弹出"新建"对话框，设置"名称"为A802，画布尺寸为 400 素材×400 像素，如图 8-11 所示。

2）使用横排文字工具输入文字"信息速递"，在选项栏中设置字体为"宋体"，字号为24，文本颜色为深蓝色，消除锯齿的方法为"浑厚"。在标题文字前置入素材图片 802.jpg。效果如图 8-12 所示。

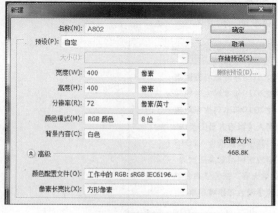

图 8-11 "新建"对话框

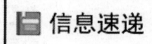

图 8-12 标题效果

3）使用横排文字工具，参考图 8-8 输入图书信息，在选项栏中设置字体为"宋体"，字号为 18 点，文本颜色为深蓝色。单击工具箱中的"画笔工具"按钮，打开"画笔"面板，设置画笔笔尖形状为 30，"大小"为 4 像素，"间距"为 220%。

4）将第一条图书信息与标题设置为左对齐，选中所有图书信息文字图层，执行"图层"→"对齐"→"左边"菜单命令，再执行"图层"→"分布"→ "垂直居中"菜单命令。按照同样的方法设置点状线图层。最终效果如图 8-13 所示。

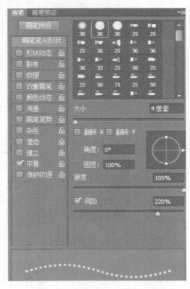

图 8-13 "画笔"面板

5）执行"文件"→"存储为"菜单命令，弹出"存储为"对话框，将文件保存为 A802.jpg。

8.2.2 典型图文网页栏目设计

典型图文网页栏目与简约图文网页栏目一样，一般也是由栏目标题、栏目内容组成的。

案例 1 学校网站典型图文网页栏目设计

【案例效果】第 8 章\A803.jpg，如图 8-14 所示。

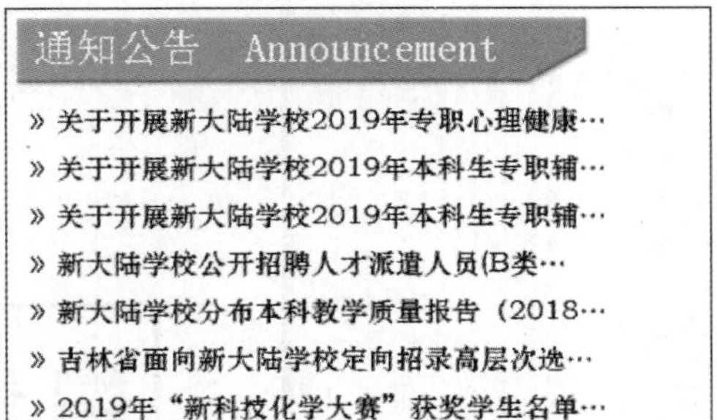

图 8-14 案例效果

【主要知识点】

使用横排文字工具输入文字。

【操作过程】

1）执行"文件"→"新建"菜单命令，弹出"新建"对话框，设置"名称"为A803，画布尺寸为 400 像素×300 像素。

2）新建图层，按〈Ctrl+R〉组合键调出标尺，拉出如图 8-15 所示的辅助线。

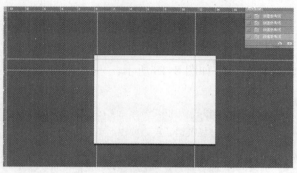

图 8-15　设置辅助线

3）选择"钢笔工具"，设置前景色色值为#e08f00，在钢笔工具选项栏中设置"选择工具模式"为"形状"，"填充"为前景色，"描边"为 0，在工作区中绘制一个梯形。双击该图层，弹出"图层样式"对话框，在左侧选择"斜面和浮雕"，具体参数设置如图 8-16 所示。效果如图 8-17 所示。

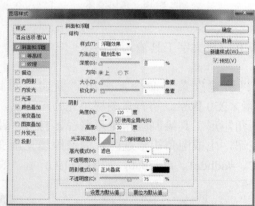

图 8-16　斜面和浮雕参数设置

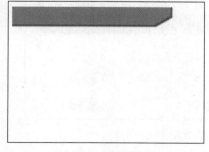

图 8-17　梯形效果

179

4）使用横排文字工具，输入文字"通知公告 Announcement"，在选项栏中设置字体为"宋体"，字号为 24 点，文本颜色为#ffffff，"设置消除锯齿的方法"为"浑厚"。再次使用横排文字工具，参考图 8-14 输入文章标题，在选项栏中设置字体为"宋体"，字号为 18 点，文本颜色为#000000 依次执行"图层"→"对齐"→"左边"菜单命令和"图层"→"分布"→"垂直居中"菜单命令，将文章标题排列整齐。最终效果如图 8-14 所示。

5）执行"文件"→"存储为"菜单命令，弹出"存储为"对话框，将文件保存为 A803.jpg。

📖 案例 2　图书网站典型图文网页栏目设计

【案例效果】第 8 章\A804.jpg，如图 8-18 所示。

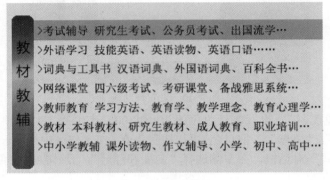

图 8-18　案例效果

【主要知识点】

📝 使用横排文字工具和直排文字工具输入文字。

【操作过程】

1）执行"文件"→"新建"菜单命令，弹出"新建"对话框，设置"名称"为 A804，画布尺寸为 400 像素×250 像素。将背景图层填充为淡蓝色，具体色值为#e3e3e9。

2）新建图层，使用圆角矩形工具绘制圆角矩形路径，打开"路径"面板，单击下方的"将路径作为选区载入"按钮，生成圆角矩形选区，为选区填充渐变色，渐变色色值从左至右分别为#3e42ed、#98aee2、#adbde1、#0f28a6，如图 8-19 所示。效果如图 8-20 所示。

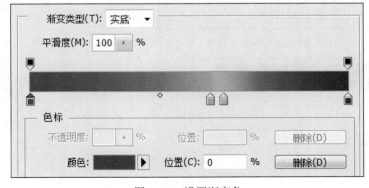

图 8-19　设置渐变色

图 8-20　圆角矩形效果

3）使用直排文字工具输入文字"教材教辅"，在选项栏中设置字体为"宋体"，字号为

24 点，文本颜色为#000000，消除锯齿的方法为"浑厚"。使用横排文字工具，参考图 8-21 输入教材分类文字，在选项栏中设置字体为"宋体"，字号为 18 点，文本颜色为#000000。依次执行"图层"→"对齐"→"左边"菜单命令和"图层"→"分布"→"垂直居中"菜单命令，将教材分类文字排列整齐。新建图层，使用矩形选框工具为第一行教材分类文字绘制底纹，填充颜色为#e08f00。最终效果如图 8-18 所示。

4）执行"文件"→"存储为"菜单命令，弹出"存储为"对话框，将文件保存为 A804.jpg。

8.3 交互式网页栏目设计

在网页设计中，交互式网页栏目的应用很广泛，可用于搜索、登录、注册等区域。下面通过案例详细介绍搜索区域、TAB 栏目、登录区域、注册区域的设计和制作。

8.3.1 搜索区域设计

为了方便用户查找网站内容，会在主页的醒目位置放置搜索栏目。

案例 1　学校网站主页搜索区域设计

【案例效果】第 8 章\A805.jpg，如图 8-21 所示。

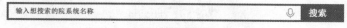

图 8-21　案例效果

【案例素材】第 8 章\805.jpg，如图 8-22 所示。

图 8-22　案例素材

【主要知识点】

使用矩形选框工具等绘制图形。

【操作过程】

1）执行"文件"→"新建"菜单命令，弹出"新建"对话框，设置名称为 A805，画布尺寸为 580 像素×130 像素。

2）新建图层，使用矩形选框工具绘制矩形选区，填充颜色为#ba0404。效果如图 8-23 所示。

图 8-23　矩形效果

3）新建图层，再次使用矩形选框工具在刚才绘制的矩形上新建矩形选区，填充颜色为 #ffffff。效果如图 8-24 所示。

图 8-24　矩形效果

4）新建图层，使用横排文字工具输入文字"输入想搜索的院系名称"，在选项栏中设置字体为"宋体"，字号为 14 点，文本颜色为#b7aeae。再次使用横排文字工具输入文字"搜索"，在选项栏中设置字体为"宋体"，字号为 18，文本颜色为#ffffff 在"搜索"两字左边置入素材图片 805.jpg，调整图片大小和位置。最终效果如图 8-21 所示。

5）执行"文件"→"存储为"菜单命令，弹出"存储为"对话框，将文件保存为A805.jpg。

案例2　图书网站主页搜索区域设计

【案例效果】第 8 章\A806.jpg，如图 8-25 所示。

图 8-25　案例效果

【案例素材】第 8 章\806.jpg，如图 8-26 所示。

图 8-26　案例素材

【主要知识点】

使用矩形选框工具等绘制图形。

【操作过程】

1）执行"文件"→"新建"菜单命令，弹出"新建"对话框，设置"名称"为A806，画布尺寸为 310 像素×120 像素。

2）置入素材图片 806.jpg，调整图片大小和位置。

3）新建图层，使用矩形选框工具绘制矩形选区，执行"编辑"→"描边"菜单命令，弹出"描边"对话框，设置"宽度"为 1 像素，"颜色"为#b7aeae，"位置"为"居中"。效果如图 8-27 所示。

4）新建图层，使用矩形选框工具绘制矩形，填充渐变色，渐变色色值为#a2a3a8、#efeef3。执行"编辑"→"描边"菜单命令，弹出"描边"对话框，设置"宽度"为 1 像素，"颜色"为#7c7171，"位置"为"居中"。效果如图 8-28 所示。

图 8-27　绘制搜索框

图 8-28　绘制搜索按钮

5）使用横排文字工具，参考图 8-29 输入文字。最终效果如图 8-25 所示。

6）执行"文件"→"存储为"菜单命令，弹出"存储为"对话框，将文件保存为A806.jpg。

8.3.2 TAB 栏目设计

TAB 栏目是网页中比较常见的一种交互形式。它提供了多种选项以便用户通过单击鼠标或者按〈Tab〉键来选择自己想要的内容。

案例1 图书网站主页 TAB 栏目设计

【案例效果】第 8 章\A807.jpg，如图 8-29 所示。

图 8-29 案例效果

【主要知识点】

使用圆角矩形工具等绘制图形。

使用横排文字工具输入文字。

【操作过程】

1）执行"文件"→"新建"菜单命令，弹出"新建"对话框，设置"名称"为A807，画布尺寸为 530 像素×200 像素。

2）将背景图层填充为渐变色，具体设置如图 8-30 所示，两个滑块颜色分别为#c7c8e8、#ffffff，在背景图层上从下向上拖动填充。

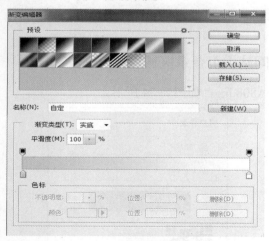

图 8-30 设置渐变色

3）新建图层，使用圆角矩形工具绘制圆角矩形路径，如图 8-31 所示。打开"路径"面板，单击下方的"将路径作为选区载入"按钮，生成圆角矩形选区，为选区填充渐变色，渐变色色值从左至右分别为#2e309b、#2013d7、#111d5e，填充后的效果如图 8-32 所示。

图 8-31　绘制圆角矩形路径　　　　　　　图 8-32　圆角矩形填充效果

　　4）使用横排文字工具，输入文字"馆藏检索"，在选项栏中设置字体为"宋体"，字号为 24 点，文本颜色为#000000，消除锯齿的方法为"浑厚"。新建图层，使用横排文字工具，将文本颜色调整为#ffffff，分别输入文字"读秀""发现""e 读"。分别使用矩形选框工具和圆角矩形工具绘制图形并填充颜色，再依次输入文字。效果如图 8-33 所示。

图 8-33　输入文字效果

　　5）使用椭圆工具，按住〈Shift〉键的同时拖动绘制正圆形。使用横排文字工具，参照图 8-35 依次输入文字，在选项栏中设置字体为"宋体"，字号为 14 点，文本颜色为#000000。最终效果如图 8-29 所示。

　　6）执行"文件"→"存储为"菜单命令，弹出"存储为"对话框，将文件保存为A807.jpg。

8.3.3　登录区域设计

📑 **案例1　学校网站主页登录区域设计**

【案例效果】第 8 章\A808.jpg，如图 8-34 所示。

图 8-34　案例效果

【案例素材】第 8 章\808-1.jpg、808-2.jpg、808-3.jpg，如图 8-35 所示。

图 8-35　案例素材

【主要知识点】

▱ 使用矩形选框工具等绘制图形。

▱ 使用横排文字工具输入文字。

【操作过程】

1）执行"文件"→"新建"菜单命令，弹出"新建"对话框，设置"名称"为 A808，画布尺寸为 350 像素×350 像素。

2）使用横排文字工具输入文字"用户登录"，在选项栏中设置字体为"宋体"，字号为 20 点，粗体，文本颜色为#000000，消除锯齿的方法为"浑厚"。

3）新建图层，使用矩形选框工具绘制矩形选区，执行"编辑"→"描边"菜单命令，弹出"描边"对话框，设置"宽度"为 1 像素，"颜色"为#aaafaa，"位置"为"居中"。复制该图层，得到图层复本。

4）按〈Ctrl+R〉组合键显示标尺，按要绘制的分隔线位置拉出辅助线，使用直线工具沿辅助线绘制竖线，在选项栏中设置工具模式为"形状"，"粗细"为 1 像素，填充色为#aaafaa。效果如图 8-36 所示。

5）分别置入素材图片 808-1.jpg 和图 808-2.jpg，调整图片的大小和位置。使用横排文字工具分别输入文字"用户名"和"密码"，在选项栏中设置字体为"宋体"，字号为 14 点，文本颜色为#aaafaa。效果如图 8-37 所示。

图 8-36　方框效果

图 8-37　文字效果

6）新建图层，使用圆角矩形工具绘制矩形，填充颜色为#1c1997。使用横排文字工具分别输入文字"用手机扫一扫""安全、便捷登录"，在选项栏中设置字体为"宋体"，字号为 14 点，文本颜色为黑色。置入素材图片 808-3.jpg，调整图片大小和位置。最终效果如图 8-34 所示。

7）执行"文件"→"存储为"菜单命令，弹出"存储为"对话框，将文件保存为 A808.jpg。

📖 案例 2　图书网站主页登录区域设计

【案例效果】第 8 章\A809.jpg，如图 8-38 所示。

扫码登录	账户登录
👤 邮箱/用户名/已验证手机	
🔒 密码	
	忘记密码
登录	
QQ | 微信	立即注册

图 8-38　案例效果

【案例素材】第 8 章\809-1.jpg、809-2.jpg，如图 8-39 所示。

图 8-39　案例素材

【主要知识点】

📝 使用矩形选框工具等绘制图形。

📝 使用横排文字工具输入文字。

【操作过程】

1）执行"文件"→"新建"菜单命令，弹出"新建"对话框，设置"名称"为 A809，画布尺寸为 350 像素×350 像素。

2）使用横排文字工具输入文字"扫码登录""账户登录"，在选项栏中设置字体为"宋体"，字号为 20 点，粗体，文本颜色为#de1125，加粗。使用直线工具在刚才输入的文字下绘制一条横线。

3）新建图层，使用矩形选框工具绘制矩形选区，执行"编辑"→"描边"菜单命令，弹出"描边"对话框，设置"宽度"为 1 像素，"颜色"为#d3cecf。使用直线工具在矩形框中绘制竖线分隔线，在选项栏中设置工具模式为"形状"，"粗细"为 1 像素，复制该图层得到图层复本，分别置入素材图片 808-1.jpg 和 808-2.jpg，调整图片大小和位置。

4）使用横排文字工具分别输入文字"邮箱/用户名/已验证手机""密码""忘记密码"在选项栏中设置字体为"宋体"，字号为 14 点，文本颜色为#d3cecf。效果如图 8-40 所示。

5）新建图层，使用矩形选框工具绘制矩形选区，为选区填充颜色，色值为# cc2434。

6）使用横排文字工具输入文字"登录"，在选项栏中设置字体为"宋体"，字号为 20 点，粗体，文本颜色为#ffffff。效果如图 8-41 所示。

7）置入素材图片 809-1.jpg 和 809-2.jpg，调整图片大小和位置。新建图层，使用直线工具在"登录"按钮下绘制一条横线，在工具栏中设置，工具模式为"形状"，"粗细"为 1 像素。使用横排文字工具，输入文字"立即注册"，在选项栏中设置字体为"宋体"，字号为

18 点，文本颜色为#cc2434。最终效果如图 8-38 所示。

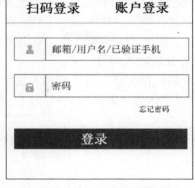

图 8-40 登录界面效果　　　　　　　图 8-41 登录按钮效果

8）执行"文件"→"存储为"菜单命令，弹出"存储为"对话框，将文件保存为
A809.jpg。

8.3.4 注册区域设计

📧 案例 1　注册区域设计

【案例效果】第 8 章\A810.jpg，如图 8-42 所示。

图 8-42 案例效果

【主要知识点】

📧 使用矩形选框工具等绘制图形。

📧 使用横排文字工具输入文字。

【操作过程】

1）执行"文件"→"新建"菜单命令，弹出"新建"对话框，设置"名称"为
A810，画布尺寸为 300 像素×300 像素。

2）新建图层 1，使用椭圆选框工具，在按住〈Shift〉键的同时拖动绘制正圆形，为选区
填充颜色，色值为#56d568。复制该图层 1 得到图层 2，为此图层中的正圆形填充白色，执行
"编辑"→"描边"菜单命令，弹出"描边"对话框，设置"宽度"为 1 像素，"颜色"为
#d9e3db。复制图层 2 得到图层 3。调整 3 个正圆形的位置。

3）使用横排文字工具在图层 1 的正圆形中输入数字 1，在选项栏中设置字号为 14 点，

文本颜色为#ffffff。使用横排文字工具在图层 2、图层 3 的正圆形中分别输入数字 2、3，在选项栏中设置字号为 14 点，文本颜色为#d9e3db。

4）新建图层 4，使用画笔工具，在"画笔"面板中设置"大小"为 4 像素，"间距"为 240%，在正圆形之间绘制点线。复制图层 4 得到图层 5。使用横排文字工具在图层 4、图层 5 的点线后分别输入符号">"。

5）使用横排文字工具分别输入文字"验证手机号""填写账号信息""注册成功"，在选项栏中设置字体为"宋体"，字号为 12 点，文本颜色为#56d568。效果如图 8-43 所示。

图 8-43　注册流程效果

6）新建图层 6，使用矩形工具绘制矩形，在选项栏中设置"填充"为白色，"描边"为 #d3cecf，描边宽度为 1 点。复制图层 6 得到图层 7。再次复制图层 7 得到图层 8，为矩形填充颜色为#e1323b。

7）使用横排文字工具分别输入文字"常用手机号""点击按钮进行验证"，在选项栏中设置字体为"宋体"，字号为 16 点，文本颜色为#000000。再次使用横排文字工具输入文字"下一步"，在选项栏中设置字体为"宋体"，字号为 20 点，文本颜色为#ffffff。最终效果如图 8-42 所示。

8）执行"文件"→"存储为"菜单命令，弹出"存储为"对话框，将文件保存为 A810.jpg。

8.4　本章小结

在网站主页的设计中，通常利用栏目对页面的信息进行功能划分，如搜索栏目的功能是进行信息检索，必备搜索按钮和输入框；登录栏目的功能是提供用户登录网站的途径，必备用户名、密码输入框等。网页栏目的设计要从功能、版式、配色 3 个方面考虑。

课后实训项目

项目一名称：新闻管理办法网页栏目设计（参考图 8-44）
项目设计要求：
1）将画布尺寸设置为 600 像素×300 像素。

2）色彩搭配协调，包括背景色、文字颜色等。

3）栏目各区域设置完整，包括标题区域、内容区域。

4）各区域文本格式一致，如标题区域字号统一为 16 点等。

5）整体效果搭配协调，重点突出。

项目二名称：新闻规章制度网页栏目设计（参考图 8-45）

项目设计要求：

1）将画布尺寸设置为 300 像素×300 像素。

2）色彩搭配协调，包括背景色、文字等颜色。

3）栏目各区域设置完整，包括标题区域、内容区域。

4）各区域文本格式一致，如标题区域字号统一为 18 点等。

5）整体效果搭配协调，重点突出。

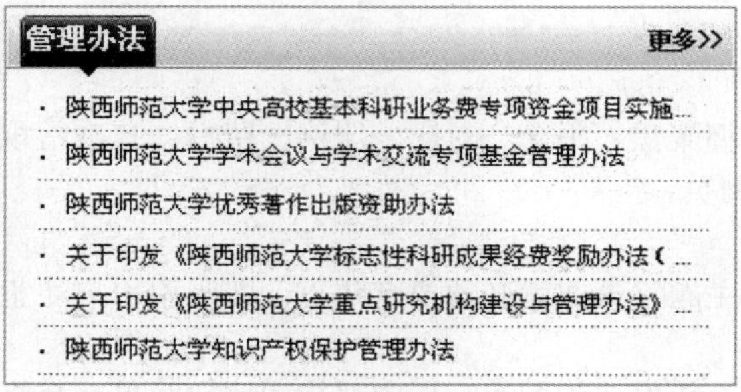

图 8-44　项目一效果

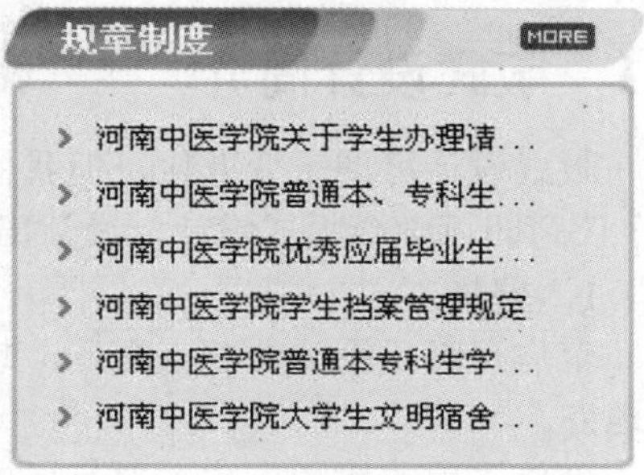

图 8-45　项目二效果

项目三名称：360 搜索网页栏目设计（参考图 8-46）

项目设计要求：

1）将画布尺寸设置为 800 像素×80 像素。

2）色彩搭配协调，包括背景色、文本颜色等。

3）搜索按钮与输入框搭配协调。

4）整体效果搭配协调，重点突出。

图 8-46　项目三效果

第9章　网页版式设计

版式设计是指设计人员根据网页的设计主题和视觉效果要求，在限定的版面内，对文字、图片、图形及色彩等元素进行美化的过程。网页版式设计是艺术与技术的有机结合。

【本章重点】
- ◆)) 了解版式设计的诀窍。
- ◆)) 了解版式设计需要注意的问题。
- ◆)) 掌握网页版式设计知识。
- ◆)) 掌握点线面、留白在版面设计中的运用。

9.1　版式设计简介

版式设计可谓千变万化，但我们只需掌握聚焦、平衡、对比、比例、留白、打破常规这6个诀窍即可学会版式设计，设计出漂亮的网页。

1．聚焦

聚焦是版式设计的要点之一，想要突出主题，画面就必须要有焦点，即吸引用户注意力的地方。

聚焦采用的构图方式主要有居中式构图、放射式构图等。居中式构图比较简单，是将主体物放在画面的中心位置来吸引用户的目光，如图9-1所示。

图9-1　居中式构图

放射式构图是通过放射式的骨骼线来引导用户的目光聚焦到主体物上，效果更加突出，如图9-2所示。

通过放射式加透视构图，能使画面更具立体感与空间感，视觉焦点明确，画面冲击力强。需要注意的是放射式构图不太适合以文字为主的版面。一些激战类游戏的网页会较多地使用这种构图，以突出动感，如图9-3所示。

图 9-2　放射式构图

图 9-3　放射式加透视构图

2．平衡

平衡的画面在视觉上会给人以稳定感。平衡采用的构图方式主要有黄金分割式构图、等比例分割式构图等。例如，网易云音乐的主页采用的就是黄金分割式构图，如图 9-4 所示。

图 9-4　黄金分割式构图

等比例分割式构图具有很强的平衡感，在设计时需要注意视觉重量的均衡，版面呼吸感的平衡，如图 9-5 所示。

图 9-5　等比例分割式构图

3．对比

对比即是强调不同事物的差异性。相对于普通事物而言，人们更容易记住独特的事物。所以对比能够帮助我们区分主要信息与次要信息。

例如，标题文字就是通过更醒目的字体、粗细、字号、颜色等与普通文字相区别，体现主从关系。对比采用的方式有大小、明暗、黑白、强弱、粗细、疏密、高低、远近、硬软、直曲、浓淡、动静、锐钝、轻重等的对比，如图 9-6 所示。

图 9-6　采用对比的版面

4. 比例

拥有合理比例关系的版面让人在视觉上十分舒适，能给人以有秩序、均衡的感觉，如图 9-7 所示。

图 9-7　具有优秀比例的版面

5. 留白

在画面中，留白是"虚"，内容是"实"，通过虚、实结合来构造画面的韵律、节奏和空间感。画面被填得太满就会显得压抑、拥挤。在版式设计中，巧妙利用留白能让版面画面显得干净、整洁、通透，如图 9-8 所示。

图 9-8　采用留白的版面

在网页设计中，留白也不是越多越好，这要根据网页类型和整体风格而定。信息量大、内容更新快的网站一般留白较少，如图 9-9 所示。

艺术设计类的网页，版面一般信息量小，通常留白较多，如图 9-10 所示。

图 9-9　高信息量的网页留白较少

图 9-10　低信息量的网页留白较多

6．打破常规

打破常规最简单的方法就是选择一个点做微创新。这里不鼓励大家进行大刀阔斧的改变。例如，对版面布局进行微调，就能产生让人耳目一新的效果，如图 9-11 所示。

图 9-11　对布局进行调整的版面

9.2　网页版式构成

在版式设计中，文字、图形、图像等根据其在版面中的大小、方向、排列可以视为点、线、面。

如图 9-12 所示的网页，将几何图形作为视觉中心点，文字标题与按钮安排在页面的偏左侧，冲破了版面的呆板构图，使重点突出。

图 9-12　以几何图形为视觉中心的版式设计

（1）点的作用

空间中的点形象有集中、醒目的特点，给人明确、坚定的视觉感觉。可利用点的这一特性强调将要重点表现的对象。可利用点符号强调文字信息，也可利用点状图形展示重点信息。如图 9-13 所示的网页，下半部分有三排小图片，相当于点的形式，强调了图片所承载的信息。

图 9-13　以图片作为点的版式设计

（2）线与面的作用

线与面不仅能作为造型元素，还可作为划分空间的有效工具。由线和面对版面进行分割与遮挡能使版面产生空间感。如图 9-14 所示的网页经过线、面的分割后，形成了色块、面积等的对比，丰富了画面的层次。

图 9-14　以线、面分割版面

9.3　网页版式的类型

网页版式的类型主要有骨骼型、满版型、分割型、中轴型、曲线型、倾斜型、对称型、焦点型、三角型、自由型 10 种。

1. 骨骼型

骨骼型是一种规范、理性的版面分割类型，类似于报刊的版式，常见的有竖向通栏、双栏、三栏和四栏等。一般以竖向分栏居多。可将几种分栏方式结合使用，如图 9-15 所示。

🗩 技巧分享

骨骼型版式适用于有序的图文排列，将图文井井有条、严谨地展示出来。当设计的网页中文字较多，可以考虑骨骼型版式，出错率较低。骨骼型版式的缺点是偏单调、变化少，难以突出主题。

图 9-15　骨骼型版式

2. 满版型

满版型版式也称封面型版式，一般应用于网站首页，通常以一张大图充满版面，然后放上几个简单的链接，如图 9-16 所示。

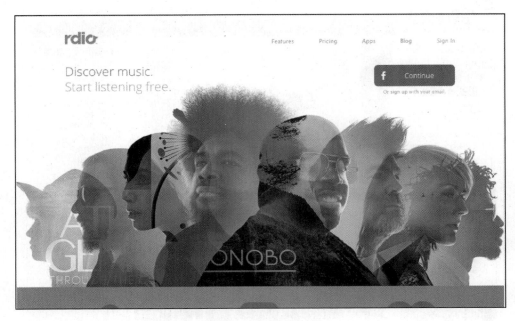

图 9-16　满版型版式

3．分割型

分割型版式是将整个版面分为上下或左右两部分，分别安排图片和文字。两个部分形成对比，图片部分感性而活泼，文字部分理性而安静。可以通过调整图片和文字所占的面积，来调节双方对比的强弱，如图 9-17 所示。

图 9-17　分割型版式

4．中轴型

中轴型版式是将图形或文字放在版面中央，使主题突出，画面极具冲击力，如图 9-18 所示。

图 9-18　中轴型版式

5. 曲线型

曲线型版式是在页面上做曲线形的分割或排列，产生韵律与节奏感，如图 9-19 所示。

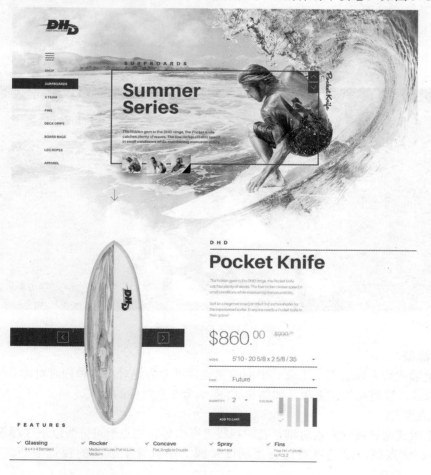

图 9-19　曲线型版式

6. 倾斜型

斜型版式是将图片、文字进行倾斜摆放，形成不稳定感或强烈的动感。使用倾斜型版式的网站较少，这样的网站偏个性化，一些设计公司或运动品牌的网站会用到，如图 9-20 和图 9-21 所示。

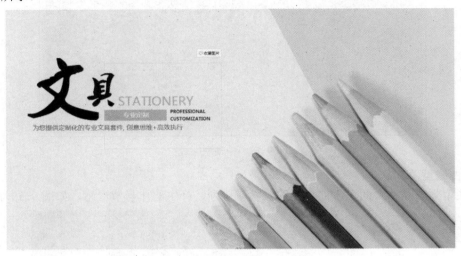

图 9-20　倾斜型版式 1

图 9-21　倾斜型版式 2

7. 对称型

对称型版式给人以稳定、庄重、平衡的感觉，可分为绝对对称和相对对称。一般采用相对对称的版式，以避免构图呆板。如图 9-22 所示为左右对称的版式。

8. 焦点型

焦点型版式通过视觉元素对浏览者的视线进行引导。焦点型可分为以下 3 种形式。

1）中心焦点型。这是将对比强烈的图片或文字放置于版面的视觉中心，如图 9-23 所示。

图 9-22　对称型版式

图 9-23　中心焦点型版式

2）向心焦点型。这是用视觉元素引导浏览者视线向中心聚拢，如图 9-24 所示。

图 9-24　向心焦点型版式

3）离心焦点型。这是用视觉元素引导浏览者视线向外辐射，如图9-25所示。

图 9-25　离心焦点型版式

9．三角型

三角型版式中的各视觉元素呈三角形排列，如图 9-26 所示。其中，正三角形（金字塔型）最具稳定性，倒三角形则产生动感，侧三角形则既安定又有动感。

图 9-26　三角型版式

10．自由型

自由型版式具有活泼、轻快的风格，如图9-27所示。

图 9-27　自由型版式

9.4 骨骼型网页版式设计

案例1 花样游泳运动网页设计

【案例效果】第 9 章\A901.jpg，如图 9-28 所示。

图 9-28 案例效果

【素材文件】第 9 章\901-1.jpg、901-2.jpg、901-3.jpg，如图 9-29 所示。

a)

b)

c)

d)

图 9-29 案例素材

【主要知识点】

使用圆角矩形绘制图形。

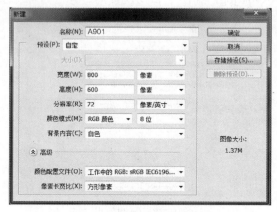 使用横排文字工具输入文字。

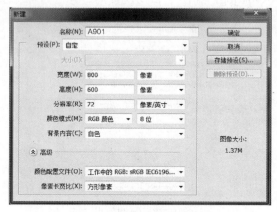 将图片嵌入在图形中。

【操作过程】

1）执行"文件"→"新建"菜单命令，弹出"新建"对话框，设置"名称"为 A901，画布尺寸为 800 像素×600 像素，如图 9-30 所示。

图 9-30 "新建"对话框

2）置入素材图片 901-1.jpg，按〈Ctrl+T〉组合键调整图片大小，并放置在合适位置，执行"滤镜"→"模糊"→"高斯模糊"菜单命令，弹出"高斯模糊"对话框，按图 9-31 所示进行设置，单击"确定"按钮。

3）使用圆角矩形工具绘制矩形，在选项栏中设置工具模式为"形状"，如图 9-32 所示。

图 9-31 "高斯模糊"对话框   图 9-32 绘制矩形

4）置入素材图片 901-2.jpg，按〈Ctrl+T〉组合键调整图片大小，选择矩形形状图层和图片图层，按住〈Alt〉键，单击"图层"面板中矩形形状图层和图片图层的中间位置，将图片嵌入在矩形里。效果如图 9-33 所示。

5）选择矩形形状图层和图片图层，按〈Ctrl+J〉组合键复制图层，将复制后的图形移位。使用同样的方法再次复制和移位。将复制的图片图层中的图片分别替换为素材图片 901-3.jpg、901-4.jpg。效果如图 9-34 所示。

图 9-33　图片嵌入效果

6）选择第 1 个矩形形状图层，单击"图层"面板下方的"添加图层样式"下拉按钮，选择"内发光"命令，弹出"图层样式"对话框，设置"不透明度"为 22%，"阻塞"为 20%，"大小"为 13 像素，单击"确定"按钮，如图 9-35 所示。使用同样的方法设置第 2 个和第 3 个矩形形状图层。

图 9-34　复制图层后的效果

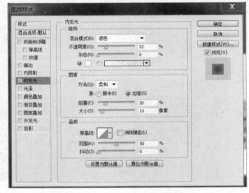

图 9-35　"图层样式"对话框

7）选择第 1 个素材图层，执行"图像"→"调整"→"亮度/对比度"菜单命令，调整图片亮度和对比度。使用同样的方法分别设置第 2 张和第 3 张素材。效果如图 9-36 所示。

图 9-36　调整亮度/对比度效果

8）安装方正正中黑简体字体。使用横排文字工具输入文字"花样游泳"，在选项栏中设置字号为 72 点，字体为"方正正中黑简体"，文本颜色为#29f6f4（见图 9-37）。效果如图 9-38 所示。

图 9-37　设置文本颜色

图 9-38　文字效果

9）新建图层，使用矩形工具绘制矩形，填充白色，在"图层"面板中设置"不透明度"为51%。效果如图 9-39 所示。

10）使用横排文字工具参考图 9-41 输入段落文字，在选项栏中设置字体为"黑体"，字号为 24 点。效果如图 9-40 所示。

图 9-39　矩形效果

图 9-40　段落文字效果

11）使用横排文字工具输入英文"more"，在选项栏中设置字体为"方正正中黑简体"，字号为 24 点，文本颜色为#29f6f4。新建图层，使用自定形状工具，在选项栏中选择 ，绘制小箭头后将路径转化成选区，填充颜色为#29f6f4。最后使用横排文字工具在页面底部输入文字，内容为版权及联系方式等，具体文字信息在素材记事本中。效果如图 9-28 所示。

12）执行"文件"→"存储为"菜单命令，弹出"存储为"对话框，将文件保存为A901.jpg。

9.5　分割型网页版式设计

案例1　滑雪运动网页设计

【案例效果】第 9 章\A902.jpg，如图 9-41 所示。
【素材文件】第 9 章\902.jpg,如图 9-42 所示。

图 9-41　案例效果

图 9-42　案例素材

【主要知识点】

📑 使用横排文字工具输入文字。

📑 使用钢笔工具绘制图形。

【操作过程】

1）执行"文件"→"新建"菜单命令，弹出"新建"对话框，设置"名称"为 A902，画布尺寸为 800 像素×600 像素，如图 9-43 所示。

2）置入素材图片 902.jpg，执行"编辑"→"自由变换"菜单命令（或按组合键〈Ctrl+T〉），调整图片大小和位置，如图 9-44 所示。

图 9-43　"新建"对话框

图 9-44　置入素材图片

3）新建图层，命名为"颜色层"，单击"确定"按钮，如图 9-45 所示。

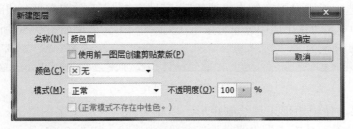

图 9-45　"新建图层"对话框

4）使用钢笔工具在"颜色层"图层上绘制三角形路径，按〈Ctrl+Enter〉组合键将路径

207

转化成选区，如图 9-46 所示。

5）在三角形选区中填充颜色，色值为#1f5cad，在"图层"面板中设置"不透明度"为 55%。使用同样的方法绘制另一个三角形路径，按〈Ctrl+Enter〉组合键将路径转化成选区，使用吸管工具单击之前的蓝色，在三角形选区中填充颜色，效果如图 9-47 所示。

图 9-46　建立三角形选区

图 9-47　在选区中填充颜色

6）使用横排文字工具输入文字"挑战极限 真正的勇士 冬季畅滑……"，在选项栏中设置字体为"黑体"，"字号"为 36 点，在"字符"面板中调整字间距和行间距，如图 9-48 所示。

图 9-48　字符设置

7）使用横排文字工具分别输入文字"山地滑雪""营地教育""美食娱乐""度假村""度假地产"，在选项栏中设置字体为"黑体"，字号为 11 点，放置在画面顶部。选择上述文字图层，在选项栏中单击"水平居中分布"按钮（见图 9-49）。效果如图 9-50 所示。

图 9-49　选择对齐方式

8）新建图层，使用矩形工具绘制矩形，填充黑色，置于文字图层下。使用自定形状工具，在选项栏中设置工具模式为"路径"，选择箭头形状，如图 9-51 所示。在画布上拖动绘制箭头路径，将路径转化成选区，填充白色。

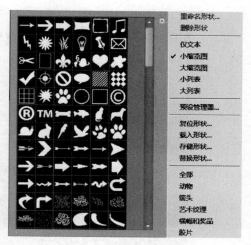

图 9-50　文字效果　　　　　　　　　图 9-51　选择箭头形状

9）使用椭圆工具，按住〈Shift〉键拖动绘制正圆形，填充红色，色值为#ea1104。使用横排文字工具输入文字"不虚此行"，在选项栏中设置字体为"黑体"，字号为 24点。最后使用横排文字工具在页面底部输入文字，具体文字信息。最终效果如图 9-41所示。

10）执行"文件"→"存储为"菜单命令，弹出"存储为"对话框，将文件保存为A902.jpg。

9.6　本章小结

本章学习了版式设计点、线、面以及留白在版面设计中的运用知识，需要反复练习和加强。版式设计是视觉传达的重要手段，它又是一种技术与艺术高度统一的技能，作为网页设计者必须具备的基本功之一。在欣赏和收集整理优秀版式设计作品的时候，分析设计人员根据设计主题和视觉需求，在有限的版面内，最优化地传达信息、影响受众。美学特征是其重要因素，结构、色彩、光影、虚拟空间与想象空间等的编排指引，承载时代与社会倡导的主流意识与情绪。

课后实训项目

项目一：个人网站设计

项目设计要求：

1）设计博客风格的个人网站。

2）网页内容是设计师分享自己的设计理念和想法，吸引粉丝关注。

3）对有瑕疵的图片进行调整。

4）设计要有艺术感、有个性，内容合理，层次分明。

参考案例一：该网站记录了作者有关咖啡的场景。特点是使用一系列摄影照片来讲述作者的故事。效果如图 9-52 所示。

图 9-52　参考案例一效果

参考案例二：该网站是一个设计师的个人主页，使用黑色背景，突显作者的高雅稳重。页面主要由简洁的文字构成。效果如图 9-53 所示。

图 9-53　参考案例二效果

项目二：美食网站设计

项目设计要求：使用满版型版式设计一个美食网站。可从给出的素材图片（第 9 章\项目二）中挑选合适的图片作为本网站的元素。

第10章 网站设计综合案例

本章将综合运用前面学习的网页设计技巧，设计一个电子商务网站主页。

【本章重点】
- ◀») 了解电子商务网页需求分析。
- ◀») 掌握网页的布局设计要点。
- ◀») 掌握网页设计的技巧。

10.1 淘淘乐网站主页需求分析

淘淘乐网站是一个销售各种日常用品的电子商务网站。该网站主要有 3 个功能：一是展示公司形象，二是网上销售商品，三是招收加盟。

淘淘乐网站的需求分析如表 10-1 所示。

表 10-1 淘淘乐网站需求分析

需 求 项 目	需求项目内容
建站目的	提升企业形象；商品宣传、品牌推广；网上销售商品
网站标志设计	由客户提供
网站功能	企业宣传；客户服务；用户互动；电子商务
网站风格	广告要对浏览者有较强的吸引力，要能根据不同季节进行重点产品展现；版式设计得有条理，有利于信息的获取；整体风格要体现专业性
网站色调	以绿色为主色调，利用红、黄等多种颜色进行搭配，利用黑色来协调多种色彩，使整个页面充满活力，给浏览者轻松的感觉
网站栏目内容	由于文字内容比较多，要进行多层次的栏目划分；图片内容要与文字相互搭配

10.2 淘淘乐网站主页设计方案

1. 版式分析

淘淘乐网站主页采用骨骼型版式设计，如图 10-1 所示。骨骼型版式是一种规范的、理性的版面分割方法，类似于报刊的版式。常见的骨骼型版式有竖向的通栏、双栏、三栏、四栏和横向的通栏、双栏、三栏和四栏等。一般以竖向分栏为多。这种版式给人以有条理、理性的感受。

2. 色彩设计分析

绿色是介于冷色调与暖色调之间的颜色，给人以和平、宁静、健康、安全的感觉。淘淘乐网站主页采用绿色和淡黄色搭配，再利用橘色作为点缀，文字采用黑色进行压色，使整个页面产生一种轻松、愉悦的气氛，如图 10-2 所示。

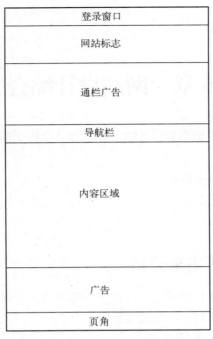

图 10-1　淘淘乐网站主页的版式设计

图 10-2　网页所用主色调

3．网页内容设计分析

淘淘乐是一个电子商务网站，其特点是信息量大，因此把繁杂的信息进行清晰分类，方便浏览者查询是一个很重要的问题。大量文字会让人产生视觉疲劳，因此加入适量的图片进行调节。网页主要栏目如图 10-3 所示。

（1）背景设计

在淘淘乐网站主页设计中，由于文字和图片量较大，页面加载速度就很重要，因而采用了纯色作为背景色。

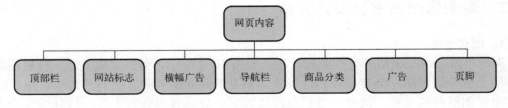

图 10-3　网页主要栏目内容

（2）页眉设计

淘淘乐网站主页的页眉由顶部栏、网站标志、横幅广告、导航栏几部分组成。由于电子商务网站是以功能为主，因此布局设计按由上而下以矩形分区排列，方便查看。

顶部栏设有免费注册、登录、免费开店三个功能，为了加强关注度，采用背景进行区别的方法。

212

网站标志采用文字转图片化技术，通过对文字进行形状变化，对字的部分笔画进行拉伸等处理，增加了艺术效果。同时文字的颜色采用橘红色，突出了标志。

横幅广告围绕本季节的商品热点，以春天标志为主题，利用淡绿色、淡黄色与深绿色等进行搭配，营造出了春天的气息。

导航栏采用了一般的横向导航栏形式，主要是起到对所有商品进行类别划分的作用。导航栏采用了选项卡形式，利用橘红色来标注当前所选的类别。

（3）内容区域设计

淘淘乐网站主页的内容区域主要是对所有的产品进行类别的细化。在设计上为了突出细小类别，将整个内容区域分为五大类，每大类再利用橘色进行小类别划分，每小类中又细分出具体的商品类型。

（4）页脚设计

淘淘乐网站主页的页脚部分主要展示版权所有、技术支持等常规信息。

淘淘乐网站主页效果如图 10-4 所示。

图 10-4　淘淘乐网站主页效果

10.3　淘淘乐网站主页设计

下面讲解淘淘乐网站主页的具体制作步骤。

1）执行"文件"→"新建"菜单命令，弹出"新建"对话框，设置"名称"为"淘淘乐"，画布尺寸为 1 000 像素×1 700 像素，其他选项保留默认值。

2）执行"视图"→"标尺"菜单命令，打开标尺，从标尺上拉出辅助线构建页面布局，如图 10-5 所示。

图 10-5　利用辅助线构建页面布局

3）新建图层，将图层命名为"背景"，设置前景色色值为#c9d18b，填充"背景"图层，完成背景设计。

4）在"图层"面板底部单击"创建新组"按钮，将组命名为"页眉"，用于存放所有页眉区域的图层。

5）新建图层，将图层命名为"顶背景"，使用矩形工具绘制矩形条，填充颜色为#766e54。

6）新建图层，将图层命名为"登录背景"，使用圆角矩形工具在矩形条上绘制圆角矩形，填充颜色为#c9d18b。

7）使用横排文字工具输入文字"免费注册"，在选项栏中设置字体为"宋体"，字号为24点，文本颜色为黑色。

8）使用步骤7相同的方法输入文字"登录"和"免费开店"。

9）将新建的 3 个文本图层在登录区域均匀分布。使用直线工具在文本间绘制竖线分隔线，在选项栏中设置工具横式为"形状"，填充色比背景色略深，"粗细"为 1 像素。

10）使用横排文字工具，输入文字"欢迎来到淘淘乐！"，在选项栏中设置字体为"宋体"，字号为30点，文本颜色为白色。顶部栏效果如图10-6所示。

图 10-6　顶部栏效果

11）使用横排文本工具输入文字"淘淘乐"，在选项栏中设置字体为"方正舒体"，字号为 60 点，文本颜色为#f0570d。双击该图层，弹出"图层样式"对话框，在左侧选择"外发光"，具体参数设置如图10-7所示。

12）右击"淘淘乐"文本图层，在弹出的快捷菜单中选择"文字变形…"命令，弹出"变形文字"对话框，设置"样式"为"波浪"，如图10-8所示。

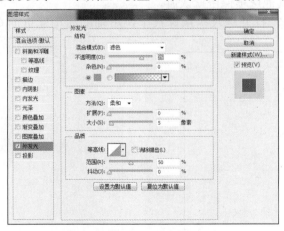

图 10-7　外发光参数设置

图 10-8　"变形文字"对话框

13）新建图层，将图层命名为"搜索背景"，使用矩形选框工具，配合选项栏中的"从选区减去"功能，绘制如图10-9所示的选区，填充颜色为#f0570d。

14）使用矩形工具在"搜索背景"图层上绘制白色矩形，并添加"宝贝""搜索"文本。

15）置入素材"图片 banner1.jpg"，调整图片大小和位置。

16）使用横排文字工具和直线工具制作导航栏。页眉效果如图 10-10 所示。

图 10-9　搜索背景选区

图 10-10　页眉效果

17）在"图层"面板底部单击"创建新组"按钮，将组命名为"内容区域"，用于存放所有内容区域的图层。

18）新建图层，使用矩形选框工具绘制矩形选区，作为内容区域的外框。

19）执行"编辑"→"描边"菜单命令，弹出"描边"对话框，设置"宽度"为 1px，"颜色"色值为#9e9d9d，如图 10-11 所示。

20）新建图层，将图层命名为"橘色背景"，使用矩形工具在内容区域外框左侧绘制矩形，填充颜色为# f0570d。

21）使用直线工具将内容区域划分成 5 个区块，在选项栏中设置工具模式为"形状"，"粗细"为 1 像素，填充颜色色值为#9e9d9d。

22）使用直线工具，在选项栏中设置工具模式为"形状"，"粗细"为 1 像素，填充颜色比橘色矩形的深一些，将橘色矩形划分成 5 个区块。效果如图 10-12 所示。

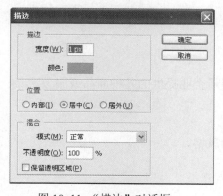

图 10-11　"描边"对话框

图 10-12　内容区域划分

23）使用横排文字工具输入内容区域中的文字。在此要注意用颜色区分各区块的文字。

24）置入素材图片"banner2.jpg"，调整图片大小和位置。内容区域效果如图 10-13 所示。

25）在"图层"面板底部单击"创建新组"按钮，将组命名为"页脚"，用于存放所有页脚区域的图层。

26）使用横排文字工具输入版权等页脚信息，在选项栏中设置字体为"宋体"，字号为13 点，文本颜色为#3d9b35。最终效果如图 10-4 所示。

图 10-13　内容区域效果

📑 课后实训项目

项目名称：依采儿服装网站

项目描述：依采儿是一家通过网站进行服装销售的电子商务网站。该网站主要实现 3 个目标：一是公司形象展示，二是网上商品销售，三是招收加盟商。

1）网站类型：电子商务网站。

2）功能类型：企业产品和服务项目展示、商品和服务订购（在线预订商品或网上购物等）、网络客户服务。

3）网站标志：自行设计。

4）横幅广告：突出展示商品。

5）风格目标：体现时尚的青春特性。

项目设计要求：

1）主题突出，能够满足客户的意愿，较好地展示企业提供的各种商品或服务。

2）配色方案设计合理，色彩运用能突出重点。

3）网页采用骨骼型版式布局。

4）整个页面搭配合理，重点突出，具有独特的风格。